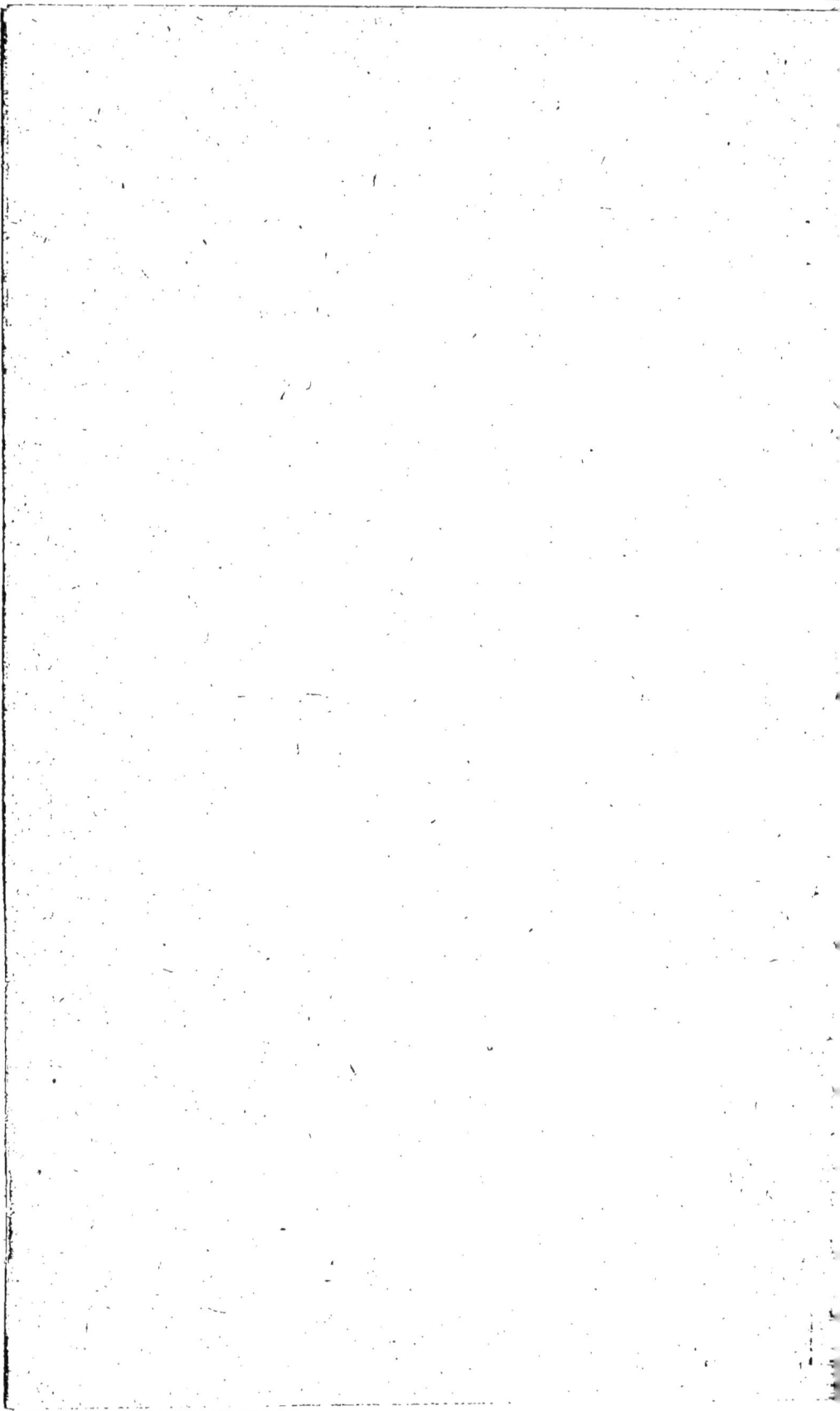

LE GUIDE

DU

PROPRIÉTAIRE D'ABEILLES

PAR

L'ABBÉ COLLIN

Chanoine de N.-D. de Bon-Secours, à Nancy,
Membre de la Société centrale d'Agriculture de Nancy,
Membre de la Société d'Apiculture fondée à Paris, etc.

TROISIÈME ÉDITION

PRIX : 2 fr. 50 c.

PARIS

LIBRAIRIE AGRICOLE DE LA MAISON RUSTIQUE
RUE JACOB, PRÈS DE LA RUE DES SAINTS-PÈRES

LE GUIDE

DU

PROPRIÉTAIRE D'ABEILLES

SAINT-NICOLAS, PRÈS NANCY. — IMPRIMERIE DE P. TRENEL.

LE GUIDE

DU

PROPRIÉTAIRE D'ABEILLES

PAR

L'abbé COLLIN

CHANOINE DE N.-D. DE BON-SECOURS, A NANCY

Membre de la Société centrale d'agriculture de Nancy
Secrétaire correspondant de la Société d'apiculture
fondée à Paris en 1856

TROISIÈME ÉDITION

PARIS

LIBRAIRIE CENTRALE D'AGRICULTURE ET DE JARDINAGE

RUE DES ÉCOLES, 82, PRÈS LE MUSÉE DE CLUNY

— Auguste **GOIN**, Éditeur —

—

1865

AVIS AU LECTEUR

Le Guide du Propriétaire d'Abeilles est divisé en trois parties bien distinctes : la partie historique ou l'histoire naturelle des abeilles ; la partie pratique ou la culture des abeilles ; la troisième partie, appelée mélanges apicoles.

La première partie n'est pas indispensable ; cependant, si un maître conduit plus sûrement un élève, dont il connaît le caractère et les habitudes, un apiculteur aussi dirigera mieux son apier s'il a le secret des lois et des mœurs des abeilles. Pour l'histoire naturelle, je me suis placé au point de vue de l'apiculteur, c'est-à-dire, que j'ai insisté particulièrement sur les faits utiles, bien constatés, ceux qui peuvent avoir quelque influence sur la pratique. L'histoire naturelle sera comme un mémoire explicatif, et donnera la clef des méthodes suivies dans la seconde partie.

Le plus grand nombre des apiculteurs n'ont ni le temps ni la volonté d'étudier l'abeille. Ils recherchent avant tout des conseils pour la conduite de leurs ruchées. Je leur ai donné ces conseils dans la seconde partie, qui est entièrement consacrée aux soins habituels que réclament les abeilles, pendant tout le cours de l'année, à commencer au 1er mars. Cette partie, dès les premiers jours du printemps, s'empare de l'apier ; à dater de cette époque, elle le surveille en quelque sorte jour par jour, en suivant l'ordre des saisons, et ne l'abandonne qu'à la fin de l'hiver. C'est la partie la plus importante ; elle suffit à elle seule pour guider l'apiculteur. Elle est exclusivement pratique.

Enfin, la troisième partie est un mélange de choses diverses, sans liaison entre elles, mais se rattachant toutes à la culture des abeilles. Elle nous fera connaître la ruche la plus avantageuse, la législation sur les abeilles, l'instrument à produire la fumée, la manière de façonner le miel et la cire, etc. Je l'ai placée à la fin de l'ouvrage, parce qu'elle ne devra être consultée que rarement.

La seconde édition *du Guide du Propriétaire d'Abeilles* a paru en 1860. Depuis cette époque, j'ai continué mes expériences sur les abeilles, certain qu'il y aura toujours à glaner dans le champ apicole. Mes tentatives n'ont pas été malheureuses, on en trouvera des exemples, surtout dans la première partie, l'histoire naturelle.

Dans cette édition, j'ai ajouté de nouvelles figures aux anciennes; je dois cette amélioration sensible à la grande bienveillance de M. le colonel du génie Renoux, directeur de l'arsenal du génie, à Metz. Tous les dessins, exécutés sous la surveillance de l'excellent colonel, seront compris par tout ouvrier d'une capacité ordinaire.

Je manquerais à la justice et à la reconnaissance, si je taisais le nom de M. Hamet, professeur d'apiculture au jardin du Luxembourg et directeur du journal l'*Apiculteur*. Il m'a appris par son journal et son excellent *Cours pratique d'Apiculture*, arrivé en peu de temps à sa seconde édition, beaucoup de choses que j'ignorais.

Je n'avais pas de renseignements positifs sur l'apiculture des montagnes des Vosges. M. Morizot, curé de Bussang, l'un des apiculteurs les plus capables de cette contrée, a bien voulu me donner des conseils que j'ai suivis avec une entière confiance.

COLLIN.

ORDRE DES MATIÈRES

PREMIÈRE PARTIE. — HISTOIRE DES ABEILLES.

SECONDE PARTIE. — CULTURE DES ABEILLES.

TROISIÈME PARTIE. — MÉLANGES APICOLES.

LE GUIDE

DU

PROPRIÉTAIRE D'ABEILLES

PREMIÈRE PARTIE

HISTOIRE NATURELLE DES ABEILLES.

L'histoire naturelle des abeilles comprend cinq ordres de faits : 1º la description, les sens des abeilles ; 2º leurs fonctions, leurs mœurs ; 3º leurs édifices ; 4º leurs produits, miel, cire, pollen, propolis ; 5º leur multiplication par le couvain et l'essaimage.

SENS, MŒURS DES ABEILLES.

1. AVIS UTILE. — **Les apiculteurs qui ne voudront que des conseils pour la conduite de leurs ruchées passeront immédiatement à la seconde partie, qui commence par l'article 48.**

Les chiffres qui se trouvent entre parenthèses indiquent les articles à consulter.

2. Famille des abeilles. — Il y a trois sortes d'abeilles dans une ruchée : l'abeille mère qui est unique, excepté au temps des essaims ; les faux-bourdons ou mâles ; les abeilles ouvrières qui constituent la population.

L'abeille ouvrière est de couleur brune et revêtue, sur presque toutes les parties, d'une sorte de duvet de poils très-fins. Des dents, une trompe et six pattes disposées par paires, sont les principaux instruments qui ont été accordés aux ouvrières pour exécuter leurs différents travaux. Les dents sont deux petites écailles tranchantes qui jouent horizontalement, non verticalement comme celles de l'homme ; la trompe, sorte de langue très-longue et garnie de poils comme le reste du corps, n'agit pas comme une pompe ; l'abeille, il est vrai, la déploie et l'allonge à son gré, mais c'est en léchant, non en aspirant, qu'elle la charge d'une liqueur qu'elle fait passer dans la bouche, pour ensuite la faire descendre, par l'œsophage, dans l'estomac qui en est le réservoir. Cette liqueur est le miel.

C'est avec ses dents et ses pattes que l'abeille ramasse le pollen des fleurs ; elle en saisit avec ses dents les granules que les pattes de la première paire, faisant l'office de mains, transmettent à celles de la deuxième ; enfin, celles-ci les déposent dans des poches, dont la nature a muni à cet effet les pattes de la troisième paire. Ce dépôt est fixé à sa place, par des coups répétés. Toute l'opération se fait avec autant de célérité que d'adresse.

L'abeille mère est un peu plus grosse et beaucoup plus grande que l'abeille ouvrière, plus rousse en dessus et un peu jaunâtre en dessous. Ses dents ou mâchoires sont plus courtes et sa trompe plus déliée ; mais ses pattes plus longues n'ont ni brosses ni poches ; son ventre est plus allongé et plus pointu ; ses ailes paraissent très-petites et finissent au quatrième anneau de son corps. Son allongement ainsi que ses autres proportions ne permettent pas de la confondre avec l'abeille ouvrière. L'aiguillon de la mère est plus fort et plus recourbé que celui des ouvrières ; elle ne s'en sert jamais que pour tuer les mères, ses rivales.

Le mâle ou faux-bourdon est beaucoup plus gros que l'abeille ouvrière, et moins long que la mère. Sa tête est ronde ; son corps est aplati et noirâtre ; ses mâchoires et sa trompe sont plus petites ; ses pattes sont dépourvues de poches, et il n'est point armé d'aiguillon. Le bruit qu'il fait en volant l'a fait nommer faux-bourdon et le distingue des ouvrières.

Le diamètre du corselet du bourdon mesure cinq millimètres cinq dixièmes ; celui de la mère, quatre millimètres cinq dixièmes ; celui de l'ouvrière, quatre millimètres.

La mesure de l'ouvrière est juste, celle du bourdon et de la mère est plutôt forte que faible (fig. 1, 2, 3).

3. **Abeille jaune ou abeille alpine.** — Nous ne possédons que deux espèces d'abeilles : l'abeille commune dont je viens de parler, et l'abeille jaune ; celle-ci est originaire des Alpes ; introduite en France depuis cinq ans seulement, elle n'est encore connue que d'un petit nombre d'apiculteurs.

L'abeille jaune que j'appelle abeille alpine se distingue de la nôtre par deux ceintures colorées en jaune. La première ceinture s'étend sur toute la surface de l'anneau supérieur de l'abdomen ; la seconde, séparée de la première par une petite bordure noire, ne s'étend que sur une partie de la largeur du second anneau. Les deux ceintures chez une jeune alpine sont d'une couleur intermédiaire entre le cuivre jaune (laiton), et le cuivre rouge (rosette) ; mais avec le temps, elles prennent la teinte du cuivre rouge.

Quant aux autres parties du corps, il faut une loupe pour voir que les poils de la jeune alpine ont une teinte jaune plus prononcée que les poils de la jeune abeille commune.

Je placerai à la fin du *Guide*, art. 230, une petite notice sur l'abeille alpine, j'en dirai le peu que je sais, ne l'ayant étudiée que depuis trois ans.

4. **Sens des abeilles.** — Pendant la nuit, les abeilles volent au hasard, ce qui indique qu'elles ne voient pas ou presque pas dans l'obscurité. Il est présumable que dans l'intérieur

de la ruche, où le travail se continue de nuit comme de jour, le sens du toucher et de l'odorat suppléent à la vue. Le sens du toucher paraît principalement placé dans les antennes. Dès que deux abeilles se rencontrent, on les voit se toucher avec ces espèces de cornes qui sont très-sensibles. L'amputation d'une seule antenne n'affecte pas leur instinct ; mais quand on les prive de toutes les deux, elles sont incapables de continuer leurs travaux, alors elles sortent de la ruche pour n'y plus rentrer.

Quant à l'ouïe, on sait que le son qu'elles produisent avec leurs ailes est fréquemment un signe de rappel. Le chant ou le cri de la mère réduit les ouvrières à un état d'immobilité. Qu'on place une ruchée dans une chambre très-obscure, le bourdonnement attirera les abeilles égarées et répandues dans les différentes parties de la chambre ; on a beau couvrir la ruchée, la déplacer, toujours elles se dirigent vers le point d'où vient le bruit.

Leur odorat est très-délicat, puisque, au sortir de la ruche, on les voit, attirées par les émanations des fleurs, voler en ligne droite à la distance de deux à trois kilomètres, pour y chercher les plantes qui leur promettent une abondante récolte

5. Fonctions des ouvrières. — Les ouvrières exécutent toutes les constructions, tous les travaux nécessaires à la conservation et à la propagation de la famille. Ces constructions, ces travaux se font avec une entente admirable. On dirait que les abeilles ont reçu des ordres précis : celles-ci pour aller chercher à la campagne de la nourriture et des matériaux ; celles-là pour nourrir et soigner les enfants communs ; les unes pour veiller à la garde et à la sûreté de la famille ; les autres pour entretenir la salubrité du logement par la ventilation et la propreté.

Cependant, c'est l'ouvrière qui est à la fois gouvernement

et police ; elle ne reçoit de la mère aucun ordre, aucune direction.

En effet, des ouvrières, après un premier essaimage, n'ayant que des mères sous forme de larves ou de nymphes, ne reçoivent certainement aucun ordre, aucune direction de ces mères qui ne sont pas nées, et cependant les travaux se continuent avec autant de régularité qu'avant l'essaimage.

Il est vrai, je l'ai expérimenté souvent, que ces abeilles, privées de mère adulte, ne construisent plus que des gâteaux à cellules de bourdons, et que, mises à la place d'une forte ruchée, elles en acceptent sans difficulté les butineuses qui reviennent de la campagne. Ainsi, pour développer toute son industrie, il faut à l'ouvrière la présence d'une mère adulte.

6. **Mœurs des ouvrières.** — L'abeille, ayant été créée pour vivre en société, a dû recevoir les mœurs, les instincts qu'exige cet état ; aussi, il règne dans la famille la meilleure intelligence, l'harmonie la plus parfaite. Le fruit du travail, le butin de chaque individu devient la propriété de tous. Mais une famille ne doit pas se confondre avec une autre famille. De là, pour conserver la nationalité et l'autonomie, cette aversion, ces combats entre les individus de colonies différentes. La durée de la famille est attachée à l'existence de la mère. De là, l'attachement de la famille pour la mère ; de là, son désespoir quand elle la perd, désespoir qui se calme dès qu'une mère au berceau peut la remplacer.

L'abeille est agressive, seulement quand elle croit la famille en danger, c'est-à-dire, quand on approche de son habitation ou qu'on veut l'y troubler ; mais, dans ses courses à la campagne, elle est entièrement inoffensive. En voici la preuve : si, au printemps ou en automne et à quelque distance de l'apier, vous exposez en plein air un rayon de miel, il sera bientôt visité par une immense quantité d'abeilles qui se disputeront une part du butin. Eh bien ! secouez ce rayon sans inquiétude, si vous êtes piqué, ce ne sera que par une abeille que vous aurez serrée maladroitement entre vos doigts.

Huber et d'autres auteurs à sa suite se sont persuadés que les ouvrières n'ont pas toutes la même conformation, les mêmes aptitudes ; que les unes, plus petites, qu'ils appellent nourricières, n'ont d'autre emploi que de nourrir le couvain ; que les autres, plus grosses, qu'ils appellent cirières, ne s'occupent qu'à récolter le miel et à construire les édifices. Cette distinction d'ouvrières de tailles différentes suppose nécessairement que les alvéoles des nourricières sont plus petits que ceux des cirières. Or, les alvéoles d'ouvrières nouvellement construits ont tous le même diamètre, et si l'on voit, dans une ruchée, des ouvrières plus petites que d'autres, c'est tout simplement qu'elles sont nées dans des cellules qui ont été tapissées et rétrécies par les pellicules que d'autres abeilles, en prenant naissance, y ont déposées. On peut se contenter de cette preuve sur une question tout à fait étrangère à la pratique.

7. **Distance que parcourent les abeilles.** — Il paraît certain que les abeilles ne vont pas butiner au-delà de trois kilomètres de leur habitation. En effet, si vous ne transportez des ruchées qu'à deux kilomètres, quelques abeilles reviennent à leur ancienne place, ce qui n'arrive jamais pour une distance double. Deux apiers, éloignés l'un de l'autre, d'un à deux kilomètres seulement, fournissent quelquefois des récoltes bien différentes. Ces différences des récoltes ne peuvent provenir que de celles des fleurs qui se trouvent à portée de l'un ou de l'autre de ces apiers. Celles qui sont au-delà de deux à trois kilomètres ne servent donc pas à la pâture des abeilles.

8. **Durée de la vie des ouvrières.**— Je crois que peu d'ouvrières arrivent au terme assigné à leur existence et qu'une famille se renouvelle de trois à quatre fois l'an. On sera disposé à partager cette opinion, si l'on fait attention à la quantité de couvain qu'une forte ruchée élève depuis le printemps jusqu'à l'automne, et surtout quand on sait que ce couvain est remplacé, chaque période de vingt jours, par un autre couvain (17 et 45).

En été, une colonie qui ne se renouvelle point, perd dans l'espace de deux mois, les trois quarts de sa population. Prenons pour exemple une ruchée orpheline par suite d'essaimage. Cette ruchée, qui a essaimé dans les derniers jours de mai, n'a gardé, il est vrai, que le tiers environ de ses ouvrières, mais elle avait au berceau un nombreux couvain pour réparer ses pertes. Deux mois après, en la visitant, nous n'y voyons plus qu'une population bien faible, comparativement à la population adulte et sous forme de couvain qui lui restait le lendemain de son essaimage. Voilà pour l'été. Voici pour l'hiver. Une colonie d'abeilles communes à laquelle j'avais donné, le 26 septembre 1862, une mère jaune, n'avait plus une seule abeille commune le 11 avril 1863. Sa population noire était remplacée par une égale population jaune.

On se rapprochera beaucoup de la vérité en disant qu'une colonie renouvelle sa population de deux à trois fois dans le courant de l'été, et une fois depuis le mois d'octobre jusque dans le courant d'avril.

Les ouvrières sont exposées à toutes sortes de dangers : celles-ci deviennent la proie des oiseaux et des insectes ; celles-là, en grand nombre, sont surprises par des vents froids, des pluies, des orages ; beaucoup d'autres usent leurs ailes, et, après être parties pour butiner et s'être chargées de miel ou de pollen, ne peuvent plus retourner à leur ruche, et sont victimes de leur dévouement. En effet, au mois de juillet, on voit une grande quantité d'abeilles dont les ailes sont plus ou moins échancrées, tandis qu'en septembre, on n'en voit pas une ainsi mutilée. Sont-elles mortes dans les champs, ou bien, ont-elles été expulsées de la famille ?

9. **Ouvrières pondeuses.** — Riem, officier au service de Saxe, fut le premier qui découvrit, vers la fin du dernier siècle, l'existence des ouvrières pondeuses. Huber, par des expériences nouvelles, a vérifié et confirmé cette découverte. Les ouvrières pondeuses ont tous les caractères de l'abeille commune : la petite poche aux pattes postérieures, la trompe longue et l'aiguillon droit, et il est impossible de les distinguer des autres ouvrières. Elles ne pondent jamais des œufs d'abeilles communes ; elles ne pondent que des œufs de mâles. Ce sont les ouvrières pondeuses qui produisent le couvain de bourdon que l'on voit souvent, en août, dans les ruchées qui ont perdu leur mère à la suite de l'essaimage.

Les ouvrières pondeuses n'ont pas besoin d'être fécondées pour pondre. Les belles expériences de M. Huillon ne laissent plus aucun doute sur ce point, pas plus que sur l'abeille mère qui, sans avoir été fécondée, produit néanmoins des bourdons (19). (L'*Apiculteur* d'octobre 1863.)

On a dit que les ouvrières pondeuses sont peu fécondes ; je crois, au contraire (j'aurais plusieurs exemples à citer), que leur fécondité, comme celle de l'abeille mère, est proportionnelle à la population. Les colonies où il existe des pondeuses, sont généralement peu peuplées, il n'est pas étonnant alors que le couvain de bourdons y soit peu abondant. Le nombre des nourrissons est nécessairement subordonné au nombre des nourrices.

Les ouvrières pondeuses naissent dans le voisinage des

cellules maternelles, et l'on peut supposer que la bouillie dont les vers ont été nourris a été mêlée de quelques portions de gelée maternelle. Nous verrons que la bouillie qui sert à nourrir les vers maternels n'est pas la même que celle des vers d'ouvrières ; on la reconnaît à son goût aigrelet et relevé (44).

Les mères proprement dites ont pour les ouvrières pondeuses la même jalousie et la même aversion que pour leurs semblables ; elles se jettent sur elles et les massacrent sans rencontrer de résistance. Ces ouvrières pondeuses ne peuvent donc exister à l'état de mouches que dans des ruches privées de mères. Du reste, elles paraissent plus sociables entre elles que les mères, car elles sont en certain nombre dans la même ruchée.

Lorsque, six semaines ou deux mois après le temps des essaims, il ne se trouve que du couvain de bourdons dans une ruchée, cette circonstance seule accuse la présence d'ouvrières pondeuses.

L'existence d'ouvrières pondeuses ne produisant que des œufs stériles a été constatée, en 1859, par M. Rativeau, à Brienon (Yonne). M. Huillon, en 1862, a confirmé le fait dans ses expériences sur la parthénogénèse (19).

10. **Détails sur les ouvrières pondeuses.** — Les colonies où il se trouve des ouvrières pondeuses, sont inhabiles à se donner une mère ; elles ne reçoivent pas même une mère fécondée. Ces deux faits semblent indiquer que les abeilles de ces colonies orphelines ont aussi, pour les ouvrières pondeuses, un attachement qui leur fait oublier leur malheur, et qui ne leur permet plus d'élever ou de recevoir d'autres mères.

L'ouvrière pondeuse ne pond que dans les cellules de bourdons. Je n'ai vu qu'une seule exception à cette règle. L'abeille mère bourdonneuse (24), au contraire, pond de préférence dans les cellules d'ouvrières ; elle ne pond dans les grandes cellules qu'à défaut de petites cellules à sa portée.

Les ouvrières pondeuses pondent aussi quelquefois dans les cellules maternelles ; mais les œufs déposés dans ces cellules n'arrivent jamais à leur dernière transformation. Les abeilles commencent à la vérité par donner tous leurs soins aux abeilles qui en proviennent ; elles ferment ces cellules en temps convenable ; mais jamais elles ne manquent de les détruire trois jours après les avoir fermées.

Ces cellules de mères operculées trompent l'apiculteur inexpérimenté ; croyant qu'elles renferment des mères, il est rassuré sur l'état de la ruchée. C'est une règle sans exception que jamais il n'y a de mères au berceau dans une colonie qui ne produit que du couvain de bourdons.

Les faux-bourdons ne sont pas plus inquiétés dans une ruchée qui a des ouvrières pondeuses, que dans celle qui a une abeille mère bourdonneuse (24). Ce qui veut dire qu'ils ne sont jamais chassés des colonies qui ne produisent que des individus de leur espèce.

11. **Fonction de la mère.** — La fonction unique de la mère est de pondre, c'est-à-dire, de multiplier l'espèce. Elle n'a ni autorité, ni commandement sur les ouvrières. C'est donc improprement qu'on l'appelle reine. Le nom d'*abeille mère* est le seul qui convienne à sa qualité exclusive de pondeuse. Cependant, on peut dire qu'elle maintient l'ordre et l'activité dans la famille, puisque, quand elles n'ont pas de mère, ou, du moins, qu'elles n'ont pas l'espérance d'en voir naître une autre avant peu, les ouvrières se découragent et perdent une partie de leur instinct ; de plus, l'activité se mesure toujours à l'abondance de la ponte.

12. **Caractère de la mère.** — La mère est d'un caractère timide ; au moindre danger, elle fuit, elle se cache sous les

ouvrières. Pressée entre les doigts, elle ne sait pas même faire usage de son dard. Elle se laisse maltraiter par une simple abeille étrangère. Celle-ci lui tire les ailes, les pattes, se dispose à la piquer ; la mère, quoique plus forte, souffre tout, baisse la tête, resserre les anneaux de son ventre pour ne pas être piquée et fuit quand elle peut.

On a dit et répété que la vigilance de la mère est telle, que, si on frappe, même modérément, sur la ruche, plu-sieurs coups avec une baguette, elle accourt à l'endroit in-térieur où elle a entendu le bruit. Tout ce que je sais, c'est que les coups de baguettes, forts ou faibles, ne m'ont jamais réussi qu'à éloigner la mère des points où je frappais.

La mère ne montre du courage que dans une seule cir-constance : c'est contre les individus de son espèce et contre les ouvrières pondeuses. Les mères ont une telle aversion les unes contre les autres, que, même dans l'état de capti-vité, sous un verre, par exemple, la première qui rencontre l'autre la tue : elle la saisit, avec ses dents à la naissance de l'aile, puis monte sur son dos et amène l'extrémité de son ventre sur les derniers anneaux de son ennemie, qu'elle parvient facilement à percer. Elle lâche alors l'aile qu'elle tient et retire son dard. La mère vaincue tombe et expire bientôt après. Cette aversion existe aussi contre les mères au berceau, mais seulement contre celles qui doivent naître dans cinq ou six jours.

13. **Fécondation de la mère.** — Arrivée à l'âge de pu-berté, la mère, si le temps est beau, sort à l'heure où les bourdons s'ébattent dans les airs. Elle s'arrête un moment sur le plateau, ensuite elle prend son vol. Elle se retourne du côté de la ruche, comme pour la reconnaître ; puis, elle trace quelques cercles en l'air et s'élève enfin à une hauteur qui ne permet plus de suivre ses mouvements. Cette pre-mière sortie ne se prolonge pas au-delà de huit à dix mi-

nutes. Elle revient et sort de nouveau au bout d'un quart
d'heure. Après cette seconde absence, qui dure environ
une demi-heure, elle rentre dans la ruche avec les signes
de la fécondation, c'est-à-dire, avec les parties fécondantes
du mâle. La première sortie est toujours sans résultat, la
seconde manque rarement son but (1). Ainsi, la fécondation
a lieu dans les airs et non dans l'intérieur de la ruche.

Huber, l'auteur de cette découverte, assure, en outre,
qu'une seule copulation rend la mère féconde pour deux ans
au moins. Des faits dont j'ai été témoin tendent à confirmer
l'assertion du naturaliste de Genève.

14. La mère ne pond que le onzième jour de sa vie. —
Huber assure que l'abeille mère se fait ordinairement féconder le cinquième ou sixième jour après sa naissance et
qu'elle commence à pondre quarante-six heures seulement
après sa fécondation.

J'ose dire que Huber s'est trompé : 1° l'abeille mère ne
commence sa ponte que le onzième jour de sa naissance,
c'est-à-dire, dix jours révolus après être arrivée à terme, et
cela dans les circonstances les plus favorables, quand la
fécondation n'a pas été retardée d'un seul jour par le mauvais
temps ; 2° sept jeunes mères que j'ai observées, l'une en 1862,
les six autres en 1864, ont commencé à pondre dans les
vingt-quatre heures qui ont suivi leur accouplement (2).

(1) J'ai acquis la certitude que la mère sort plusieurs fois avant
d'être arrivée à l'état de puberté, c'est-à-dire, avant de pouvoir être
fécondée ; ainsi ce que je dis dans l'article 13, ne doit s'entendre que
d'une mère qui est restée prisonnière pendant les neuf premiers jours
de sa vie.

(2) Voulant être court, autant que possible, je ne puis entrer dans de
plus longs détails. Mes expériences sur la fécondation et la ponte de
l'abeille mère, et sur d'autres questions apicoles, ont été publiées dans
le journal l'*Apiculteur*. Elles sont signées : *un apiculteur lorrain*.

Il résulte de l'ensemble de ces faits que l'abeille mère n'est fécondée que neuf jours révolus après sa naissance. On doit dater la naissance du jour où la mère est parvenue à l'état d'insecte parfait, non du jour où elle est sortie de sa cellule. Or, il en est qui n'en sortent que le troisième ou le quatrième jour après être arrivées à terme (21).

15. Détails sur la ponte de la mère. — La ponte une fois commencée, la mère la continue pendant la belle saison, à moins que la sécheresse ou une trop grande humidité ne s'oppose à la formation du miel dans les fleurs. La ponte est toujours proportionnée à l'abondance du miel et à la force de la colonie. Elle est interrompue au mois d'octobre (1), quelquefois au mois de septembre, du moins dans nos contrées, pour être reprise sur la fin de décembre ou au commencement de janvier. L'existence du couvain en janvier, à la vérité peu abondant, est un fait certain. La grande ponte recommence, au printemps, au retour des fleurs. A cette époque, la mère, après avoir pondu des milliers d'abeilles ouvrières, commence la ponte des bourdons, mais sans interrompre celle des ouvrières. La ponte des mâles, toujours proportionnée à la population des ruchées, est plus considérable et plus hâtive chez les unes, plus faible et plus retardée chez les autres. Elle continue jusqu'au moment où les ouvrières chassent les bourdons adultes.

C'est pendant la ponte des œufs de bourdons, que les ouvrières s'occupent de la construction du petit nombre de cellules destinées à servir de berceaux aux abeilles mères. Cette construction n'est pas d'une nécessité absolue. Si la ruchée est faible, ou si la température n'est pas favorable,

(1) En 1857 et 1858, nos ruchées avaient encore du couvain en novembre : c'est que les abeilles avaient récolté passablement de pollen en octobre, et que toujours elles élèvent du couvain, quand elles recueillent du pollen.

les ouvrières ne construisent pas de cellules royales, parce qu'il n'y a pas lieu de fournir une colonie au dehors, et que, par conséquent, il est inutile d'avoir plusieurs mères. L'abeille mère en parcourant les gâteaux pond à peine chaque jour dans deux cellules maternelles. Souvent même elle laisse un intervalle de deux à trois jours sans y pondre. Les ruchées très-peuplées ont quelquefois de dix à quinze alvéoles maternels renfermant des mères de tout âge, c'est-à-dire, sous la forme d'œufs, de vers, de nymphes. Le Créateur a voulu qu'il en fût ainsi pour que les naissances des mères fussent successives et pussent mieux fournir aux besoins des essaims.

16. **La ponte est proportionnelle à la population.** — Ce n'est pas la fertilité de la mère qui fait défaut aux ouvrières, ce sont presque toujours les ouvrières qui font défaut à l'abeille mère.

La même mère avec une faible population pondra peu, avec une forte, elle pondra beaucoup ; il ne m'est pas possible d'avoir le moindre doute à cet égard.

On a dit qu'une mère est moins fertile la première année de son existence que la seconde. C'est une erreur : donnez à une mère de quelques jours autant de miel et de travailleuses qu'à une mère d'un an, et vous serez forcé de reconnaître qu'elle n'est inférieure en rien à son aînée.

Pour éviter tout malentendu, j'ajouterai que la fertilité de la mère lui a été donnée pour suffire à une forte population naturelle, et non à une grande agglomération factice, telle qu'une réunion de deux ou trois gros essaims. Dans le dernier cas, l'harmonie que Dieu a mise en tous ses ouvrages est troublée, la ponte n'est plus et ne peut plus être proportionnelle à la population.

Qu'il y ait des mères qui soient moins fertiles que d'autres, cela n'est pas douteux. On rencontre parfois des colonies passablement peuplées qui végètent pendant plusieurs années et qui finissent par s'éteindre, c'est alors la mère qui a fait défaut aux ouvrières.

Une colonie peut rester dans un état de langueur, un ou deux mois ; mais, cet état n'a souvent d'autre cause que la caducité ou la mort de la mère.

Ces explications données, il sera toujours vrai de dire que la ponte est proportionnelle à la population.

Quand les fleurs manquent en juillet et août, il est certain que la ponte se ralentit beaucoup ; il est également certain qu'il suffit pour la ranimer de donner de la nourriture à la colonie, ce n'est donc pas la fertilité de la mère qui fait dé— faut ; mais ici se présente une difficulté : la mère, quand le miel fait défaut, ralentit-elle l'émission de ses œufs, ou bien en dépose-t-elle une partie dans les cellules, et laisse-t-elle tomber l'autre partie ? Je suis assez disposé à admettre la seconde proposition. En effet, le 16 juillet 1863, la mère d'une ruche vitrée était au repos, un œuf sort de son abdomen, il reste suspendu par un fil imperceptible d'environ un millimètre de longueur, une ouvrière le saisit, mais je n'ai pas vu ce qu'elle en a fait. Un apiculteur de mes amis a vu un fait semblable se produire plusieurs fois.

17. Œufs que la mère peut pondre chaque jour. — Il n'est guère possible d'estimer à moins de quatre cents et à plus de six cents, les œufs que la mère d'une forte colonie pond chaque jour pendant la bonne saison. Avril, mai et juin sont, pour nos contrées, la bonne saison, l'époque de la grande ponte. Pendant ces trois mois, la ponte n'est point interrompue d'un seul jour, même par le mauvais temps, pourvu, toutefois, qu'il y ait du miel en magasin.

Mon appréciation sur le nombre d'œufs que pond la mère ne paraîtra pas hasardée pour un apiculteur qui a étudié le mouvement de la population d'une souche et de son essaim.

Un essaim pesant 2,500 grammes renferme 23,000 ouvrières (103); mais, un essaim de ce poids est rare; il
entraîne avec lui les deux tiers de la population de la souche.
Celle-ci est donc réduite à 11,500 individus. En admettant
que 600 abeilles naissent chaque jour dans la souche, nous
trouvons, vingt jours après, que 12,000 individus nouveaux sont venus s'ajouter aux 11,500 individus anciens,
pour former une population totale de 23,500 abeilles. Eh
bien! j'oserais parier que neuf fois sur dix, la souche qui a
fourni un essaim de 2,500 grammes n'aura pas, vingt jours
après, une population égale à celle de son essaim. La ponte
quotidienne n'atteindrait donc pas le chiffre de six cents.

18. **Une mère de quelques jours produit des bourdons.**
— Une mère ne pond presque jamais des œufs de bourdons
pendant les dix premiers mois de son existence. De là, on a
conclu qu'elle ne pouvait pas en pondre. Placez une jeune
mère dans les mêmes circonstances qu'une mère de deux
ans, et vous verrez que si cette dernière pond des bourdons, l'autre en pondra aussi. Faites naître une mère sur la
fin d'avril, donnez-lui une grande population, et vous aurez
bientôt le plaisir de lui voir une génération masculine aussi
nombreuse que dans les autres ruchées. Il faut aux abeilles,
pour élever des bourdons, deux conditions essentielles :
des fleurs et une forte population. Mais une jeune mère,
dans nos contrées, ne se trouve presque jamais dans ces
conditions. Est-il étonnant qu'elle ne ponde pas des œufs
mâles ?

Une fécondation régulière, qui n'aurait d'effet complet que
dans dix mois, ne me paraît pas conforme aux lois ordinaires de la reproduction.

Je puis citer des faits établissant qu'une jeune mère, tout
aussi bien qu'une ancienne, possède la faculté de pondre
des bourdons : 1° j'ai vu une grande quantité d'œufs de

bourdons pondus par des mères âgées de cinq semaines. Ces œufs, à la vérité, ont disparu et ne sont pas arrivés à l'état de larves ; 2° au printemps de 1859, une jeune mère, âgée de neuf mois quatorze jours, a pondu dans mon apier les premiers bourdons de l'année, et cela par la raison toute simple que sa ruchée était la plus lourde et la plus peuplée.

Enfin, en 1864, deux mères nées dans les derniers jours d'avril, et une troisième née le 21 mai, ont pondu des bourdons ; ayant visité, le 21 juin, les trois colonies, j'ai trouvé dans chacune d'elles une énorme quantité de couvain d'ouvrières, et autant de bourdons operculés que dans les autres colonies les plus peuplées. Deux de ces mères étaient de race alpine, la troisième de race commune. Tout le secret de cette ponte de bourdons, c'est que les trois ruchées étaient fortement peuplées.

19. **La mère produit des bourdons sans fécondation.** — Tous les œufs de la mère sont identiques, chaque œuf pouvant donner un bourdon ou une ouvrière, suivant la manière dont il est traité. La mère féconde, au passage sous la vésicule séminale, l'œuf dont elle veut faire une ouvrière, elle ne féconde pas celui qu'elle destine à devenir bourdon ; elle peut donc en pondre à volonté de l'une et de l'autre sorte, selon les circonstances de récolte et de population. Puisque le bourdon provient d'un œuf non fécondé, une mère infécondée peut donc en produire, et, en effet, elle en produit, et ne produit que des mouches de cette sorte. Cette doctrine, appelée la parthénogénèse, explique admirablement la présence et la non présence des bourdons à certaines époques de l'année.

M. Vorwald, à Klingental (Bas-Rhin), apiculteur de grand mérite, est le premier en France qui a soulevé la question de la parthénogénèse. Sa voix est restée longtemps sans

écho. A la vérité, nous tenions compte de son zèle et de sa
ténacité alsacienne à nous convaincre ; mais les apiculteurs
français, moins dociles que les apiculteurs allemands, se
montraient incrédules, les faits allégués ne leur paraissant
pas suffisamment établis.

A la fin, M. Huillon, de Triconville (Meuse), très-avanta-
geusement connu des apiculteurs français, se mit à l'œuvre
en 1862, et ses expériences sagement conduites, devinrent
décisives en faveur de l'opinion du savant M. Vorwald.

De mon côté, dans deux expériences faites aussi en 1862,
j'ai trouvé la parthénogénèse que je ne cherchais pas, mais
avec cette différence néanmoins que par les expériences de
M. Huillon, elle se trouvait démontrée, et que, par les
miennes, elle ne pouvait être considérée que comme un fait
très-probable.

L'expérience de M. Huillon a été publiée dans l'*Apiculteur*
de septembre 1862.

20. **Abeille mère artificielle.** — Lorsque les abeilles
ont perdu leur mère, par accident ou le fait de l'homme,
elles s'en aperçoivent très-vite, et au bout de quelques
heures, elles se mettent à l'œuvre pour réparer leur perte.
D'abord, elles choisissent les jeunes vers d'ouvrières auxquels elles doivent donner les soins propres à les convertir
en mère, et dès ce moment, elles commencent à agrandir les
cellules où ils sont logés. Le procédé qu'elles emploient est
curieux. Après avoir choisi un ver d'ouvrières, elles sacrifient trois des alvéoles contigus à celui où il est placé ; elles
en emportent les vers et la bouillie, et élèvent une cloison
cylindrique autour du ver préféré ; la cellule devient donc
un vrai tube qui se trouve, ainsi que les autres cellules du
gâteau, placé horizontalement. Mais cette habitation ne peut
convenir à la larve devenue maternelle que pendant les trois
premiers jours de sa vie ; elle doit être dans une autre po-

sition pendant les deux autres jours où elle reste encore à l'état de ver. Pendant ces deux jours, portion si courte de la durée de son existence, elle habite une cellule de forme à peu près pyramidale, dont la base est en haut. On dirait que les ouvrières le savent, car dès que le ver a achevé son troisième jour, elles préparent le local qu'il doit occuper. Elles rongent quelques-unes des cellules placées au-dessus du tube cylindrique ; sacrifient sans pitié les vers qui y sont contenus, et se servent de la cire qu'elles viennent d'enlever pour construire un nouveau tube de forme pyramidale qu'elles soudent à angle droit sur le premier, et qu'elles dirigent par en bas. Le diamètre de cette pyramide diminue insensiblement depuis sa base qui est assez évasée, jusqu'au sommet. Pendant les deux jours que le ver y passe, il y a toujours une abeille qui tient sa tête plus ou moins avancée dans la cellule : quand une ouvrière quitte, il en vient une autre prendre sa place. Elles travaillent à prolonger la cellule à mesure que le ver grandit, et elles lui apportent sa nourriture qu'elles arrangent autour de lui sous la forme d'un cordon tourné en spirale. Ce ver, qui ne peut se mouvoir lui-même qu'en spirale, trouve ainsi la bouillie toujours à sa portée. Il descend insensiblement, et arrive enfin tout près de l'orifice de sa cellule : c'est à cette époque qu'il doit se transformer en nymphe. Les abeilles, n'ayant plus de soins à lui donner, ferment son berceau d'une clôture qui lui est appropriée; il y subit au temps marqué ses deux métamorphoses. C'est-à-dire que la mère parvient à l'état parfait d'insecte en quinze jours, douze heures (45), à dater du moment où l'œuf de l'ouvrière a été pondu. Les abeilles ne destinent à la maternité que des vers sortis de l'œuf depuis trois jours au plus. Mais elles emploient fréquemment des vers âgés de deux jours ou même d'un jour.

Cette belle découverte d'un ver d'ouvrière changé en

2.

mère a été faite par Schirach dans le milieu du dernier siècle.

Jusqu'à ces derniers temps, on n'avait pas essayé de faire produire aux abeilles orphelines, des mères avec des œufs d'ouvrières. J'ai tenté la chose en 1862, et la réussite a été complète.

21. **Détails sur la mère artificielle.** — Lorsque les abeilles ont perdu leur mère, avons-nous dit dans l'article précédent, elles s'en aperçoivent très-vite, et, au bout de quelques heures, elles se mettent à l'œuvre pour la remplacer. En effet, trente-six et même vingt-quatre heures après, on peut déjà voir des cellules maternelles ébauchées ; elles ont la forme d'un calice à gland, dont le gland est sorti. Quatre jours à dater du moment de la perte de la mère, quelques-unes des cellules maternelles seront operculées, d'autres sur le point de l'être, d'autres enfin seront abandonnées et laissées dans l'état où on les avait vues auparavant. Enfin, sept jours douze heures, à partir du moment où la première cellule aura été fermée, il en sortira une mère, dont le premier soin sera d'attaquer ses rivales au berceau, ou de se battre corps à corps avec celles qui, étant entièrement développées, sont également sorties de leurs cellules. Voilà ce qui ne manque pas d'avoir lieu dans un panier médiocrement peuplé. Mais pendant la saison des essaims et lorsque la ruchée est forte, les jeunes mères sont retenues prisonnières dans leurs cellules ; elles chantent le treizième jour à dater du moment où l'ancienne mère a disparu ; ce n'est que le quatorzième ou le quinzième jour qu'elles obtiennent leur liberté ; elles en profitent presque toujours pour sortir à la suite d'un essaim secondaire.

Quand les jeunes mères ne sont pas retenues prisonnières, la plus âgée sort de sa cellule onze jours et douze heures environ après la disparition de l'ancienne ; je dis la plus âgée, car il peut y avoir vingt-quatre heures de différence entre la première qui arrive à terme et la dernière.

Le nombre des mères qui naissent est proportionné à la force des ruchées ; les faibles en élèvent trois ou quatre, les fortes jusqu'à dix ou douze.

Il est à remarquer que, parmi les mères artificielles, il s'en trouve parfois de la petite espèce, tenant pour la taille, le milieu entre l'ouvrière et la mère ordinaire. Je n'en ai jamais vu parmi les mères non artificielles.

22. Cas où la mère artificielle n'est plus possible. — Il y a une erreur où sont tombés les apiculteurs de notre temps. Tous répètent qu'une ruche privée de mère peut toujours s'en procurer une nouvelle, pourvu qu'elle ait de jeunes larves d'ouvrières âgées de trois jours au plus. Cette proposition est trop générale, trop absolue.

Les abeilles qui perdent leur mère, soit par accident, soit par le fait de l'homme, comme dans les essaims artificiels, la remplacent toujours, si dans le même moment, elles ont de jeunes larves d'ouvrières qu'elles puissent élever à la maternité ; mais j'ai tenté bien des fois et toujours vainement, de faire produire des mères à des mouches qui en étaient privées depuis cinq ou six semaines par suite d'essaimage. Elles élevaient parfaitement le couvain de tout âge que je leur donnais ; mais jamais je ne les ai vues transformer en mère une seule des larves qu'elles avaient à leur disposition.

Les ruchées qui ont perdu leur mère pendant l'hiver peuvent-elles la remplacer, si on leur donne au printemps de jeunes vers d'ouvrières ? Mes expériences n'ayant pas été suivies avec assez de soin, je ne puis rien affirmer à cet égard.

Les apiculteurs doivent se mettre bien en garde contre les raisonnements. Dans mille occasions, j'ai voulu conclure

d'un fait particulier à une loi générale ; mais bientôt les
abeilles se chargeaient elles-mêmes de me donner un dé-
menti formel, en me rendant témoin de faits opposés. Ce n'é-
taient pas elles qui manquaient de logique : si les faits
étaient différents, c'est que les circonstances n'étaient plus
les mêmes.

23. **Mère pondant autant de bourdons que d'ouvrières.**
—J'ai eu occasion d'observer plusieurs mères qui pondaient,
dans la bonne saison, autant de bourdons que d'ouvrières ;
elles déposaient les œufs des deux espèces dans les petits
alvéoles. Cette ponte viciée vient, selon Féburier, d'une fécondation qui n'a eu lieu qu'entre le seizième et le vingt-
deuxième jour de la naissance de la mère. C'est une opinion
qui n'est appuyée sur aucune preuve et qui est contredite
par les faits suivants : 1° en 1857, dans mon apier, une
mère artificielle, fécondée avant le seizième jour de sa naissance, n'a fait qu'une ponte mélangée de bourdons et d'ouvrières. Cette mère, née le 17 juin 1857, avait du couvain
operculé de bourdons le 10 juillet suivant, ce qui suppose
nécessairement qu'elle avait été fécondée, au plus tard, le
douzième jour de sa naissance ; 2° en 1862, j'ai observé
deux mères, dont la fécondation avait été retardée jusqu'au
dix-neuvième jour pour l'une, et jusqu'au vingt et unième
jour pour l'autre, et qui n'ont produit que des ouvrières et
pas un seul bourdon. Ces deux mères étaient très-fertiles.

La première, née dans l'intervalle du 14 mai cinq heures
du matin, au 15 mai cinq heures du matin, n'a été fécondée
que le 3 juin.

La seconde, née dans la nuit du 12 au 13 mai, n'a été fécondée que le 2 juin.

Je soupçonne fort que ce sont des mères de petite taille
(21, dernier alinéa) qui produisent ces pontes mélangées ;
je me sers de ce mot, parce que les bourdons sont entre-

mêlés avec les ouvrières, et qu'on ne peut les distinguer sous forme de couvain que par leurs cellules plus longues que les autres. Du reste, les bourdons sont de petite taille.

Les petites mères naissent parmi celles que les abeilles élèvent artificiellement. Elles tiennent, pour la taille, le milieu entre l'ouvrière et la mère ordinaire.

Je n'ai pu savoir si notre mère de 1857 était de petite taille. Elle a abandonné la ruche, emmenant avec elle les abeilles ; mais ayant démoli, en avril 1859, une ruchée qui produisait autant de bourdons que d'ouvrières, j'y ai trouvé une petite mère, et cette mère n'était âgée que de 10 mois. Malheureusement, j'ignore si elle avait été fécondée en temps voulu.

24. Mère bourdonneuse, ou ne pondant que des bourdons. — Sur cette question, citons les paroles de Huber :

« La fécondation retardée au-delà du vingtième jour (après la naissance), ne produit que des mâles. »

Ailleurs, « la fécondation retardée au-delà du vingt et unième jour, ne produit que des mâles. »

Ailleurs, « la fécondation retardée jusqu'au vingt-deuxième ou vingt-troisième jour, ne produit que des mâles. »

Le ton affirmatif, absolu, pour chacune des trois propositions, est étonnant ; Huber ne paraît pas se douter qu'il dit des choses qui se heurtent, s'excluent.

Depuis ces dernières années, voici ce qui est admis comme vrai : 1° les mères qui ne produisent que des bourdons n'ont pas été fécondées ; 2° des mères fécondées bien au-delà du vingtième jour après leur naissance, fournissent encore une ponte aussi régulière que fécondées dans les premiers jours.

M. Huillon a observé une mère qui, n'ayant été fécondée que cinquante-quatre jours après sa naissance, a produit néanmoins des ouvrières.

Des apiculteurs allemands ont rencontré des mères qui ont pondu des ouvrières, et ces mères n'avaient été fécondées que trente jours après leur naissance.

Moi-même, j'ai été témoin de deux faits qui appuient les deux propositions que nous avons énoncées : 1° dans mon apier, en 1862, une mère non fécondée n'a produit que des bourdons, dès le onzième jour de sa naissance ; 2° une autre mère, aussi dans mon apier, fécondée seulement le vingt et unième jour de sa vie, a fait une ponte aussi régulière que si elle avait été fécondée plus tôt.

C'est surtout au printemps que l'on rencontre des mères bourdonneuses. Ayant succédé à des mères mortes en automne ou en hiver, elles n'ont pu être fécondées.

Huber dit que ces mères bourdonneuses déposent leurs œufs indistinctement dans les cellules d'ouvrières et dans celles de bourdons. Pour moi, je n'ai jamais vu de leur couvain que dans les cellules d'ouvrières. Selon le même auteur, elles pondent aussi quelquefois dans des cellules maternelles. Les abeilles nourrissent les vers qui en proviennent, ferment ces cellules, et les couvent jusqu'à la dernière transformation des mâles qu'elles contiennent.

Les abeilles ont autant d'attachement pour ces mères que pour celles qui sont fécondées ; elles repoussent donc toute mère étrangère qu'on leur présente.

Les faux-bourdons ne sont jamais inquiétés dans les ruches à mères bourdonneuses. Ils y sont tolérés, nourris dans le temps même où ailleurs, ils sont impitoyablement massacrés.

25. **Faire accepter une mère par des abeilles étrangères.** — Jamais une mère étrangère n'est acceptée par des ouvrières qui ont une mère fécondée ; les abeilles de la garde la saisissent, elles accrochent avec leurs dents ses pattes ou ses ailes, et la serrent de si près, qu'elle ne peut se mouvoir. Peu à peu, il vient de l'intérieur de nouvelles abeilles qui se

joignent à ce premier peloton et le rendent encore plus serré, toutes les têtes sont tournées vers le centre où la mère est enfermée, et elles s'y tiennent avec un tel acharnement qu'on peut les prendre et les porter quelques moments sans qu'elles s'en aperçoivent.

Le peloton qu'elles forment est de la grosseur d'une petite noix. La fureur des assaillantes est extrême, quand on essaie de leur faire lâcher prise, et l'on n'y réussit qu'avec de la fumée. Lorsque la mère reste longtemps dans cette dure étreinte, souvent elle périt, quelquefois elle n'est que mutilée, rarement elle survit saine et sauve.

Premier moyen de faire accepter une mère par des abeilles étrangères. — Au moment de la récolte du miel, si on porte des calottes pleines de miel et de mouches (162 et 164) dans une chambre à une seule croisée, ces mouches sont bientôt dans l'inquiétude, elles parcourent les gâteaux, puis les abandonnent, et vont se heurter contre la croisée ; mais, avant que d'abandonner leur miel, elles ont eu soin d'en prendre une telle charge qu'à peine peuvent-elles voler. Ces abeilles d'origine différente, et séparées de leurs familles depuis une ou deux heures à peine, non-seulement ne se battent pas entre elles, mais elles acceptent une mère étrangère fécondée. Accepteraient-elles une mère non fécondée ?

Je suis disposé à le croire, mais je n'en ai jamais fait l'essai.

Si les calottes se touchent et si dans l'une il se trouve une mère, les mouches des autres calottes l'ont bientôt deviné ; quelques-unes s'échapperont vers la croisée, mais la masse se dirigera avec empressement, en battant des ailes, vers l'heureuse calotte qui aura conservé sa mère.

Témoin plus de vingt fois du premier et du second fait, je n'ai jamais vu ni mère ni mouches tuées.

Second moyen de faire accepter une mère par des abeilles étrangères. — Placez sur une ruchée très-forte, une calotte (201 et 204) contenant des gâteaux et du miel, mais inhabitée (sans mouches). Dès que cette calotte est occupée par un grand nombre d'abeilles, enlevez-la, enfermez les mouches, mettez ces mouches, après quelques heures de prison, en rapport avec une mère fécondée ou non, de la manière suivante : la calotte doit avoir un trou à son sommet, débouchez, et placez vite sur ce trou, la mère que vous aurez préalablement emprisonnée dans un étui, couvrez l'étui, calfeutrez où besoin sera, pour empêcher la fuite des abeilles ; ces orphelines entourent immédiatement l'étui avec une sorte d'acharnement, et bientôt l'agitation qui était extrême, diminue et cesse tout à fait ; les ouvrières nourrissent la mère, et, après deux jours de prison, on peut ouvrir l'étui et donner la liberté à cette mère qui sera acceptée. Dans la plupart des cas, la mère serait acceptée après vingt-quatre heures de prison, mais il est plus sûr d'attendre deux jours.

L'étui dont je viens de parler est un tube en fine toile métallique, ayant de cinq à six centimètres de longueur, sur deux ou trois de diamètre. Chaque bout est fermé avec une rondelle de liége ; une des rondelles est mobile, pouvant s'enlever pour introduire la mère dans l'étui ou l'en faire sortir.

Si, au lieu d'une mère adulte, on donne à nos prisonnières une cellule maternelle, operculée et renfermant une nymphe vivante, la cellule sera couvée, et la mère, à son arrivée à terme, sera acceptée.

Une mère non fécondée est acceptée presque immédiatement par des abeilles d'un essaim secondaire. Le jour même de sa sortie, une heure avant le coucher du soleil, on divise l'essaim secondaire en deux portions ; au bout d'une demi-heure, on connaît les abeilles qui sont orphelines, parce qu'elles sont inquiètes et agitées ; on donne à ces orphelines la mère non fécondée, puis on les emprisonne, car autrement, elles pourraient bien abandonner leur nouvelle mère.

Le lendemain matin, on rend la liberté à la petite colonie, et on lui donne une place quelconque dans l'apier ; les abeilles, par cela même qu'elles appartiennent à un essaim de la veille, ne retournent pas à la souche.

Une cellule maternelle operculée sera toujours couvée par une colonie étrangère qui n'a que des mères au berceau, telle qu'une souche d'essaim naturel ou forcé, et la mère à son arrivée à terme sera acceptée, mais à la condition qu'elle y arrivera avant les mères qui sont au berceau.

26. **Nymphes maternelles tuées par la mère.** — Pour tuer ses rivales au berceau, la mère fait une large ouverture à la base de la cellule maternelle, et, si celle-ci renferme une mère déjà développée et prête à sortir de sa coque, elle y introduit le bout de son ventre et réussit ainsi à frapper sa rivale d'un coup d'aiguillon. Mais, si la cellule ne contient qu'une nymphe fort jeune, la mère se contente d'y faire l'ouverture dont il vient d'être question. Les abeilles se mettent alors à agrandir la brèche et à en tirer la mère ou la nymphe maternelle qui s'y trouve. Car, toujours et dès qu'une cellule maternelle a été ouverte avant le temps, les abeilles en tirent ce qu'elle contient sous quelque forme qu'il s'y trouve, ver, nymphe ou mère. Elles prennent avidement la bouillie qui reste au fond de ces cellules et sucent aussi ce qui se trouve de fluide dans l'abdomen des nymphes.

Les ouvrières aussi détruisent les alvéoles maternels, et, peut-être, le font-elles plus souvent que la mère ; je les ai surprises bien des fois à faire cette œuvre de destruction.

27. **Durée de la vie de l'abeille-mère.** — Pour con-

3

naître avec certitude la durée de l'existence des mères, il faudrait couper une antenne à plusieurs, dès leur naissance (4), et les suivre jusqu'à leur mort ; je dis plusieurs, parce qu'il y en a qui meurent la première ou la seconde année de leur vie. Cette expérience n'a pas encore été faite ; mais il y a lieu de croire que la mère vit cinq ans, peut-être un peu plus.

Voici à quoi se bornent sur cette question mes observations personnelles :

Depuis le mois d'avril 1857, j'ai suivi avec une attention minutieuse, treize ruches, dont les mères dataient quelques-unes de 1855, mais le plus grand nombre, des années antérieures, en sorte que les plus jeunes avaient deux ans, les autres trois ans au moins. Une est morte en juin 1857, quatre en 1858, six en 1859. Eh bien ! je crois être certain que celles que j'ai perdues en 1859, notamment une qui a péri le 13 mai de cette dernière année, dataient de 1854, peut-être même de 1853. Elles auraient donc vécu cinq ans au moins.

J'ai trouvé toutes ces mères, mortes ou mourantes, soit à la porte même, soit sur le sol en avant de la ruche.

La mère est trop lourde pour que l'ouvrière puisse porter loin son cadavre. Presque toutes étaient mutilées, à celle-ci les ailes manquaient ; à cette autre, une patte ou le torse d'une patte.

Toutes ont été remplacées, excepté une première, morte en hiver, dont la fille ne pondait, en avril 1859, que des bourdons, et une seconde morte le 2 octobre 1859, qui probablement sera remplacée par une mère du même genre, qui en 1860 pondra comme la première.

Une colonie qui perd sa mère, subit toujours un état stationnaire plus ou moins long, soit avant, soit après la mort. On est souvent étonné qu'une ruche ne donne pas en été ce qu'elle promettait au printemps. La cause la plus ordinaire de son peu d'activité, c'est la vieillesse de la mère, je dis la cause la plus ordinaire, parce qu'il y a parfois de jeunes mères peu fécondes, et dans ce cas, l'activité des ouvrières s'en ressent, car, comme nous l'avons dit art. 5, cette activité se mesure toujours sur l'abondance du couvain.

28. **Fonction des faux-bourdons.** — Les faux-bourdons ne travaillent point ; ils ne paraissent chargés que du soin de féconder la mère. Les naturalistes ne leur donnent pas d'autre destination. Mais pourquoi sont-ils aussi nombreux, puisque, d'après Huber, un seul suffit pour féconder la mère pendant deux ans au moins ? J'avoue mon insuffisance pour répondre à cette question. Cependant, on ne peut admettre qu'ils fassent l'office de couveuses, ainsi que quelques auteurs l'ont avancé, car les bourdons ne se tiennent pas sur le couvain ; ils habitent de préférence les gâteaux latéraux, et ceux du fond où les abeilles emmagasinent le miel. Les ruches médiocrement peuplées, celles qui auraient le plus grand besoin de couveuses, élèvent néanmoins peu de bourdons, souvent même elles les chassent et les détruisent à fur et à mesure de leur naissance.

29. **Particularités sur les bourdons, leur nombre.** — Les bourdons, chez les populations très-fortes, naissent quelques semaines plus tôt et en plus grand nombre que dans les populations ordinaires. En mars 1858, on a pu voir, dans quelques ruches, du couvain de bourdons. C'est la première fois que j'ai vu ce fait dans nos contrées. On ne l'y voit ordinairement que dans le courant d'avril.

Il y a des bourdons de petite, de moyenne et de grande taille, les premiers sont rares ; ils naissent dans des cellules d'ouvrières ; les seconds, plus communs, naissent dans les cellules intermédiaires, qui servent à raccorder les grands alvéoles avec ceux d'ouvrières ; enfin, les bourdons à grande taille forment la très-grande majorité.

Au sortir de la ruche, les bourdons sont plus lourds que quand ils rentrent. Aussi, dans le premier cas, il n'en faut que 2,138 pour peser 500 grammes ; tandis que, dans le second cas, il en faut 2,300. Il est à remarquer que le bourdon nymphe est plus lourd d'un tiers que le bourdon adulte, et qu'il est d'autant plus léger qu'il approche plus de l'état d'insecte parfait.

Outre la perte de poids que nous venons de signaler chez le bourdon qui rentre dans sa ruche, perte qui ne peut provenir que des excréments dont il s'est déchargé, il faut encore tenir compte d'une autre perte plus forte, produite par la transpiration insensible. Ces deux éléments réunis, nous donneront une idée de la quantité de miel qu'un bourdon mange tous les jours.

On ne peut pas estimer à moins de deux à trois mille, les bourdons qui naissent dans une forte ruchée, depuis avril jusqu'à juillet. En 1863, j'en ai compté 1,640 dans un essaim artificiel ; et il en était resté dans la souche ; il s'y en trouvait encore sous forme de couvain.

30. **Mœurs et habitudes des bourdons** — Les bourdons n'ont pas l'esprit de famille. Ils rentrent par habitude dans leur ruche natale. Mais s'ils ne la retrouvent plus, ils se rendent sans crainte aucune dans la voisine, où ils entrent sans opposition.

A l'intérieur de la ruche, les bourdons se tiennent dans le repos le plus complet. Je crois même qu'ils ne se donnent pas la peine d'aller prendre leur nourriture dans les cellules à miel, et qu'ils la reçoivent des ouvrières. Ils ne sortent qu'au milieu de la journée et par un beau temps. C'est entre une heure et trois heures qu'ont lieu leurs excursions dans les airs. Cependant, ils devancent d'une heure et sortent à midi, s'ils n'ont pu sortir les jours précédents. Dès que l'air fraîchit, ils se hâtent de rentrer. Aussi quand on en voit qui, malgré cela, restent dehors, ce sont des exilés qui voudraient bien rentrer dans la maison natale ou même dans quelque autre, mais qui en sont expulsés par les ouvrières. Au temps de leur expulsion, vers le coucher du soleil, on en voit parfois un tas comme le poing à la porte de la ruche.

31. Durée de la vie des faux-bourdons. — Les bourdons ne sont pas inquiétés dans les colonies désorganisées qui n'élèvent que du couvain de bourdons (24 et 15). Néanmoins, ils ne paraissent pas y vivre longtemps. Car il y en a beaucoup moins en septembre qu'en juin dans une ruche qui a perdu sa mère à la suite de l'essaimage.

Dans les ruchées bien organisées, la présence des bourdons tient à la récolte du miel. Ils sont chassés en mai ou en juin, si les ouvrières ne trouvent point de pâture. Ils sont tolérés jusqu'au mois de septembre, quand juillet et août en fournissent, mais généralement dans nos contrées, les bourdons disparaissent dans le courant de juillet.

Si le miel manque entièrement, la guerre est acharnée. S'il n'est que peu abondant, elle se fait plus mollement. Il arrive parfois qu'ils sont proscrits et ensuite tolérés : c'est l'abondance qui a succédé à la pénurie. Enfin, certaines populations, sans cause connue, les chasseront plus tôt ou les conserveront plus tard que les autres. Une colonie qui perd sa mère par accident ou par le fait de l'homme, au moment du massacre des bourdons, les conserve jusqu'à la naissance et la fécondation de la jeune mère, qui doit remplacer l'ancienne.

On voit peu de bourdons tués près des ruches. Je crois que les uns, après avoir erré longtemps, tombent d'inanition et de fatigue, que les autres sont tués par les ouvrières que l'on voit souvent cramponnées sur leur dos se laisser emporter par eux dans l'espace.

ÉDIFICES, PRODUITS, MULTIPLICATION
DES ABEILLES.

32. Rayons, gâteaux des abeilles. — Le premier soin des abeilles, aussitôt qu'elles sont établies dans une ruche, c'est de faire des édifices qui servent de logement pour elles-mêmes, de berceau pour le couvain et de magasin pour les vivres. Ces édifices s'appellent gâteaux, rayons. Ils sont à deux faces composées chacune d'un grand nombre d'alvéoles ou cellules. Il y a des cellules de deux grandeurs ; les plus étroites servent de berceaux aux ouvrières ; les plus grandes aux faux-bourdons, et toutes peuvent être employées à emmagasiner le miel. Le même rayon contient parfois des cellules des deux espèces, soit sur les faces opposées, soit sur la même face. Dans ce dernier cas, les ouvrières savent raccorder les grands alvéoles avec les petits, au moyen d'un ou de deux alvéoles de grandeur moyenne. Les petites cellules occupent presque exclusivement le centre de la ruche et sont beaucoup plus nombreuses que les grandes.

Indépendamment de ces deux espèces d'alvéoles, on en trouve encore d'autres dans lesquels les abeilles doivent élever des mères. Ces alvéoles sont ordinairement placés sur le bord des gâteaux, ou dans les passages formés dans ceux-ci. Ils ont d'abord la forme et presque la grandeur du calice d'un gland de chêne. Les ouvrières les allongent à mesure que les vers maternels grossissent. Elles leurs donnent une épaisseur considérable. Le dessus présente des enfoncements comme un dé à coudre ; ils sont rongés et en partie détruits quelques jours après que les mères en sont sorties.

33. Détails sur les rayons des abeilles. — C'est dans la partie la plus élevée de leur habitation que les abeilles commencent leurs édifices. Elles bâtissent donc de haut en bas, mais elles peuvent construire de bas en haut. C'est ce qui arrive souvent lorsque, par exemple, on enlève la hausse supérieure d'une ruche, et qu'on la remplace par une hausse vide. Pour le dire en passant, ces constructions, dans la hausse vide, sont aussi bizarres que curieuses. Les abeilles bâtissent d'abord de bas en haut, puis, montant au sommet, elles bâtissent de haut en bas et dans une direction souvent contraire aux rayons du dessous.

On peut toujours déterminer les ouvrières à donner à leurs travaux la direction que l'on désire. Il suffit, pour cela, de fixer au sommet de la ruche une portion de rayon. Elles continuent ce rayon indicateur et construisent ainsi dans la direction désirée.

Des baguettes semblables au prisme triangulaire de la fig. 4, peuvent tenir lieu de rayons indicateurs. Les abeilles bâtiront, suivant la direction des baguettes, sur les angles saillants ; il est vrai que parfois, elles se joueront de vous en bâtissant transversalement.

On remarque parfois qu'une moitié des rayons a une direction opposée à celle de l'autre moitié : c'est que deux essaims ont été ou se sont logés dans la même ruche, et que les constructions ayant été commencées par les familles encore complètes et indépendantes l'une de l'autre, ont été continuées, quand les deux familles n'en ont plus formé qu'une, c'est-à-dire, après la mort de l'une des deux mères.

Les cellules sont un peu inclinées du devant en arrière, de manière que le miel qui y est déposé y soit retenu. Par conséquent, le contraire arrive si on renverse la ruche sens dessus dessous.

34. **Mesure des rayons, intervalle entre chacun.** — Un rayon à cellules d'ouvrières, renfermant du couvain operculé, mesure 24 millimètres d'épaisseur, ce qui donne une profondeur de 12 millimètres pour chaque cellule.

L'opercule de l'ouvrière, sensiblement bombé dans les

premiers jours, finit par devenir plat dans les derniers jours de l'incubation. Un gâteau à cellules de bourdons, renfermant du couvain operculé, mesure en épaisseur 34 millimètres, ce qui donne une profondeur de 17 millimètres pour chaque cellule.

L'opercule du bourdon est très-bombé, j'estime qu'il allonge chaque cellule de deux millimètres, en sorte que la cellule, immédiatement avant d'être operculée, n'a que 15 millimètres de profondeur. L'intervalle qui existe entre chaque rayon est de 1 centimètre environ.

35. **Mesure et nombre des cellules.** — Les alvéoles des ouvrières et des bourdons forment tous des hexagones.

L'apothème ou petit rayon d'un alvéole d'ouvrière a une longueur de 2 millimètres 6 dixièmes....... 2^{mm},6000

Chaque côté du même alvéole a donc....... .. 3 ,0020

La surface en millimètres carrés est ainsi de... 23 ,4156

Donc un gâteau d'un décimètre carré renferme 427 cellules sur chaque face, ou 854 sur les deux.

La profondeur des alvéoles est de........... 12 ,0000

Ceux qui servent à emmagasiner le miel ont quelquefois plus de profondeur.

L'apothème d'une cellule de bourdon est de... 3 ,3000

Chaque côté de cette cellule a de cette sorte... 3 ,8110

La surface, en millimètres carrés, est donc de.. 35 ,4563

Un gâteau d'un décimètre carré renferme donc 265 cellules sur chaque face, ou 530 sur les deux.

La profondeur des cellules est de........... 15 ,0000

D'après ces calculs, on peut savoir approximativement le nombre de cellules que renferme une ruche de la capacité de 27 litres.

Cette ruche contient environ 64 décimètres carrés de gâteaux.

D'après de nouvelles observations, j'estime que les cellules d'ouvrières sont dans la proportion des sept huitièmes environ, c'est-à-dire, sept cellules d'ouvrières pour une de bourdons.

Il y a donc dans cette ruche 56 décimètres carrés de gâteaux à cellules d'ouvrières, et 8 seulement à cellules de bourdons.

Or, le décimètre carré contenant 854 cellules d'ouvrières, les 56 donnent 48,384 cellules d'ouvrières.

Et le décimètre carré contenant 530 cellules à bourdons, les 8 donnent 4,240 cellules de bourdons.

La ruche renferme donc, en cellules des deux espèces, l'étonnante quantité de 52,624 cellules.

36. **Couvercle ou opercule des cellules.** — Le couvercle qui ferme les alvéoles, contenant des nymphes de bourdons ou d'ouvrières, est jaunâtre et bombé ; celui qui opercule ceux contenant du miel est blanc et plat. Enfin, le couvercle des cellules où le couvain est pourri ou desséché n'est ni bombé ni plat, mais un peu concave ou déprimé par le milieu. Avec ces indications, il ne faut pas une longue pratique pour distinguer sûrement ce que renferme chaque cellule operculée.

37. **Produits des abeilles, miel.** — Outre le miel, les abeilles récoltent encore deux substances nommées *pollen* et *propolis*. Quant à la cire, elles la composent avec le miel. Nous allons nous occuper de ces quatre produits.

Tout le monde sait que les abeilles récoltent le miel sur les fleurs. Le temps le plus favorable à la sécrétion du miel est un temps doux, quelque peu humide. Le temps froid et sec, avec vent du nord, est contraire à cette sécrétion. Il en est de même après des pluies qui ont détrempé le sol, les fleurs ne donnent pas de miel. Dans les années humides, les abeilles amassent plus de miel sur les hauteurs que dans les vallées. C'est le contraire dans les années sèches. Nous supposons, bien entendu, que toutes les autres circonstances, notamment le nombre et la nature des fleurs, restent les mêmes.

La rosée, aussi bien que la pluie, empêche les abeilles de butiner sur les fleurs.

Un indice certain qu'elles trouvent beaucoup de miel, c'est lorsque le mouvement de sortie et de rentrée est aussi actif à six et sept heures du soir qu'à midi. Une forte odeur de miel autour du rucher, un bruissement intérieur vigoureux, voilà encore des indices certains. C'est surtout dans les essaims qu'on entend, le soir, ce bruissement. Ils travaillent à leurs édifices. Les abeilles en couvrent les rayons qu'elles prolongent sensiblement pendant la nuit, tandis que de jour ces rayons sont à découvert et n'avancent pas.

38. **Miellée.** — Ce n'est pas seulement dans le calice des fleurs qu'il se produit du miel ; la tige herbacée de certaines plantes, entre autres les vesces d'hiver ; les feuilles de plusieurs arbres, tels que le chêne vert, le tremble, le mélèze, les épicéas, etc., en sécrètent aussi et quelquefois très-abondamment. C'est cette sécrétion que l'on appelle miellée.

Les excréments de deux variétés de pucerons sont encore du miel que les abeilles recueillent ainsi que la miellée. (*Cours pratique d'apiculture* par Hamet.) (1).

39. **Cire, son origine, elle coûte peu de miel aux abeilles.** — La cire est le produit d'une élaboration du principe sucré

(1) Des personnes dignes de foi m'ont assuré que la miellée se trouve aussi quelquefois, en grande abondance, sur les feuilles du frêne, du platane, du hêtre et du tilleul. Je n'oserais dire que les arbres à feuilles persistantes, tels que les épicéas, les sapins, produisent cette sécrétion mielleuse.

(miel et sucre) par des organes particuliers à l'abeille ouvrière. Elle se trouve en forme de lamelles sous les anneaux
du ventre. L'ouvrière, avec une patte de la dernière paire,
saisit ces lamelles, les porte à sa bouche, et, après leur
avoir fait subir un travail de mastication, les emploie immédiatement à la construction des rayons.

La matière sucrée est la seule et véritable origine de la
cire.

Dans la saison des fleurs, la cire coûte peu de miel aux
mouches. J'oserai même dire que des expériences, faites
en 1859, 1861 et 1862, m'autorisent à croire qu'une quantité
de cire ne coûte guère que la même quantité de miel. Ainsi,
voilà deux ruchées qui, pendant huit jours de travail, ont
augmenté de poids dans la même proportion ; après ces
huit jours, vous donnez à l'une une hausse vide, car elle
a ses gâteaux pleins de miel et de couvain, vous donnez
à l'autre une hausse toute bâtie, mais sans miel ni couvain ;
eh bien ! la ruchée à hausse vide la bâtira et augmentera,
néanmoins, en poids comme auparavant, et presque dans la
même proportion que l'autre qui ne bâtira pas.

En 1844, deux savants de premier ordre, MM. Dumas et
Milne-Edwards, ont renouvelé les expériences que Huber
avait faites, le premier, sur l'origine de la cire. Ils ont obtenu 30 grammes de cire avec 500 grammes de sucre ;
mais avec la même quantité de miel, ils n'ont obtenu que
20 grammes de cire. C'était à peu près ce que Huber avait
obtenu.

On ne peut se prévaloir de ces expériences pour dire que
les abeilles, avec 500 grammes de sucre et la même quantité
de miel, ne peuvent produire que 30 et 20 grammes de cire.
Nos savants ont opéré sur des abeilles prisonnières, qui
consomment énormément, beaucoup plus qu'en état de liberté. Un essaim renfermé pendant quatre ou cinq jours

avec une provision en miel de 500 grammes, en dépensera une très-grande partie pour sa nourriture, il n'emploiera que l'excédant pour la production de la cire.

40. **Pollen.** — Le pollen est la poussière que l'on trouve sur les étamines des fleurs. Le plus souvent, il est jaune. Mais à partir du mois de mai, on en voit du rouge, du blanc, du bronze, du noir. Les abeilles le recueillent dans la poche dont sont munies leurs pattes de la troisième paire, et l'emmagasinent dans les cellules d'ouvrières les plus rapprochées du couvain; on n'en voit pas dans les cellules de bourdons.

Le pollen ne sert et ne peut servir que pour la nourriture du couvain. Il n'est plus permis de lui attribuer une autre destination. C'est mélangé au miel et préparé sous forme de bouillie, qu'il est donné au couvain.

Les deux petites pelotes de pollen que l'ouvrière rapporte sont toujours de même couleur, ce qui prouve qu'elle ne change pas de fleurs pour compléter sa charge.

Les abeilles butinent beaucoup plus de pollen au printemps qu'en été. La récolte augmente ou diminue selon les besoins. Ainsi, pendant quatre jours de beau temps, elle sera plus abondante les deux premiers jours que les deux derniers.

Pendant l'été, quand les abeilles ne trouvent plus ou presque plus de miel, elles récoltent peu de pollen. Ce n'est pas que cette matière leur manque, car les colonies auxquelles on donne du miel en abondance élèvent du couvain et savent trouver du pollen pour le nourrir.

41. **Pollen-rouget.** — A l'arrière-saison, il y a toujours, dans les ruches, une certaine quantité de pollen en magasin; c'est une provision qui servira à la nourriture du couvain, que les abeilles commencent à élever dès le mois de janvier. Quand ce pollen est placé dans des cellules trop éloignées du centre de la population, il est abandonné, il se durcit et

devient impropre à l'usage auquel il est destiné ; il perd alors son nom propre pour prendre celui de *rouget*.

Les fortes populations se débarrassent aisément du *rouget*, en rongeant les cellules où il est entassé ; néanmoins, elles ne se livrent à ce travail qu'autant qu'elles ont besoin des cellules pour augmenter leur couvain.

On peut reconnaître, au printemps, la partie des rayons remplis de *rouget* : un petit duvet de moisissure en recouvre ordinairement la surface. On fait bien d'enlever cette matière incommode, c'est un travail qu'on épargne aux ouvrières.

42. Pollen-surrogat. — A la fin de l'hiver et au commencement du printemps, lorsque les fleurs ne sont pas encore épanouies, et que le milieu du jour est beau, si les abeilles trouvent quelque part des farines de légumineuses, telles que haricots, pois, lentilles, etc., ou parmi les céréales, celles de seigle, elles y butinent et y trouvent à remplacer le pollen. Mais aussi, dès que les fleurs donnent du pollen, elles délaissent les farines, que l'on ne doit cependant pas négliger de leur présenter au sortir de l'hiver. Ce surrogat leur facilite le moyen de commencer le couvain plus vite et de renforcer les populations. Il faut les leur présenter sèches et les placer à une petite distance du rucher. (*Cours pratique d'apiculture*, par M. Hamet.)

Voir l'article 76 du *Guide*.

En 1858, du 18 au 29 mars, je voyais des abeilles poudrées d'une poussière grisâtre, et charriant cette poussière dans la corbeille des pattes de la dernière paire. J'en étais à chercher la fleur qui produisait ce pollen de nouvelle espèce, lorsque l'on me dit que des abeilles butinaient sur un tas de poussière, près du moulin, je me hâtai d'y aller, et, en effet, je les vis butinant des parcelles de farine grossière que la râpe du tarare avait arrachées au blé. Cette petite récolte cessa dès que la campagne fournit du véritable pollen.

43. Propolis. — La propolis est une substance résineuse de couleur brunâtre ou rougeâtre. Huber a vu les abeilles recueillir la propolis sur les bourgeons du peuplier, et M. Hamet assure que le saule, le bouleau, l'orme et quelques arbres à feuilles persistantes en fournissent aussi.

La propolis devient molle pendant les chaleurs, sèche et cassante par le froid. C'est surtout en juillet, août et septembre, que les abeilles recherchent cette matière pour coller leur ruche au plateau, pour en enduire les parois intérieures et en boucher les petites ouvertures.

L'ouvrière charrie la propolis comme le pollen, dans les corbeilles des pattes de la troisième paire. On distingue assez facilement les pelotes de pollen des pelotes de propolis ; celles-ci sont un peu luisantes, les autres sont mates et très-friables.

Les rainures intérieures des vieilles ruches en paille sont toujours enduites d'une couche épaisse de propolis. Quand on a de ces ruches vides, et qu'on les expose au soleil, elles sont souvent visitées par les abeilles. On peut alors se donner le plaisir de voir avec quelle célérité et quelle adresse nos ouvrières savent arracher cette résine avec les dents, et la faire passer sur les pattes de la dernière paire.

44. Couvain. — On appelle *couvain* les abeilles considérées sous la forme d'œufs, de vers, de nymphes. L'œuf est ovale (1), un peu courbé, d'un blanc bleuâtre ; il est placé

---

(1) L'œuf de l'abeille mère, vu à la loupe et placé sur une règle divisée en demi-millimètres, mesure en longueur trois demi-millimètres forts, et en épaisseur ou diamètre, il mesure un demi-millimètre faible.

Je n'ai pu voir de différence, ni de longueur, ni d'épaisseur, entre les œufs de bourdons et ceux d'ouvrières ; j'entends par œufs de bourdons ceux que j'ai trouvés dans les grandes cellules, celles destinées au couvain de bourdons (v. l'art. 19).

au fond de la cellule et il y est collé par un de ses bouts, au moyen d'une matière visqueuse dont il est enduit ; il est assez semblable aux œufs que les grosses mouches déposent sur la viande de boucherie. La chaleur de la ruche fait éclore les œufs sans que les abeilles aient besoin de les couver. Il sort de ces œufs un petit ver blanc et sans pieds nommé *larve ;* il se roule sur lui-même au fond de l'alvéole. Les ouvrières viennent, sur-le-champ, lui apporter une bouillie blanchâtre et insipide. Elles la répandent autour de lui et sous lui ; il en est environné, si bien que le mouvement le plus léger suffit pour lui faire prendre sa pâture, dont les ouvrières ne le laissent pas manquer. De blanche, d'insipide qu'elle était, elle prend un goût mielleux à mesure que le ver s'accroît ; à la fin, cette bouillie devient transparente et sucrée. Cette nourriture consiste dans un mélange de miel et de pollen que les abeilles préparent dans leur estomac et qu'elles modifient suivant l'âge de leurs nourrissons. Lorsque le vermisseau a rempli la capacité de sa cellule et qu'il a acquis tout son développement, les abeilles la ferment avec un couvercle bombé. Alors le vermisseau file une coque dont il s'entoure ; quelques jours après, il se débarrasse de sa peau et se transforme en *nymphe.* On donne ce nom à cet état de mort apparente auquel les larves sont sujettes avant de devenir des insectes parfaits. Dans cette dernière métamorphose, toutes les parties de la mouche sont assez distinctes. La nymphe des abeilles est très-blanche. Elle passe quelques jours sous cette forme, ensuite elle déchire son enveloppe, perce le couvercle de cire et sort de l'alvéole. Sa couleur est alors d'un gris clair et ce n'est qu'au bout de deux jours qu'elle acquiert la force nécessaire pour voler.

La bouillie donnée aux larves maternelles est différente de celle qui est destinée aux bourdons et aux ouvrières ; cette bouillie a un goût moins fade, un peu aigrelet. Elles en ont en telle quantité, qu'elles ne peuvent jamais la consommer toute. Il en reste toujours au fond de l'alvéole, tandis que, pour les larves des bourdons et des ouvrières, la quantité des vivres est tellement proportionnée aux besoins, qu'il n'en reste jamais dans l'alvéole quand ces larves se mettent à filer leur coque.

La différence de position n'influe en rien sur l'accroissement des diverses larves d'abeilles. Ainsi, un rayon renfermant du couvain peut être replacé dans une autre ruche, n'importe dans quel sens. Même une cellule maternelle peut être renversée sans que l'accroissement du ver en soit moins rapide ni moins parfait.

45. **Durée de l'incubation du couvain.** — Maintenant que nous connaissons les trois sortes d'alvéoles qui servent de berceaux aux trois espèces d'abeilles, et que nous avons suivi l'œuf dans ses transformations en larve et en nymphe, il reste à savoir combien de jours il faut à chacune de nos trois espèces pour arriver à son complet développement : il faut quinze jours douze heures aux mères, vingt aux abeilles ouvrières, vingt-quatre aux faux-bourdons.

Naissance de la mère. — La mère reste sous forme d'œuf trois jours, et cinq, sous celle de ver ou larve ; après ces huit jours, les abeilles ferment la cellule, et la mère arrive à terme, c'est-à-dire, à l'état complet d'insecte, entre sept jours huit heures et sept jours douze heures, après que la cellule a été fermée. La mère est donc quinze jours douze heures pour arriver à l'état complet d'insecte. Le temps que les ouvrières emploient à operculer la cellule doit être fort court, car je n'ai jamais pu les surprendre dans ce travail.

Ce sont mes propres expériences qui m'ont fait connaître le temps que la mère passe sous opercule. Je croirai néanmoins très-facilement à une plus longue incubation par une température insuffisante.

Avant que la jeune mère ait atteint son terme, les ouvrières décirent la pointe de sa cellule, c'est-à-dire qu'elles enlèvent le couvercle en cire qui la fermait, et quand il ne reste plus dans cette partie que la coque filée par la larve maternelle, on est assuré que la mère est arrivée à son état d'insecte parfait.

Il paraît que cette opération de décirer la pointe est absolument nécessaire, car souvent il m'est arrivé d'ouvrir des cellules operculées depuis plus de sept jours, mais qui n'étaient pas décirées, et toujours, j'y ai trouvé des mères mortes (47, 3e alinéa). Ainsi, quand on détache une cellule maternelle pour la donner à une ruche étrangère, si la pointe est décirée en partie, le terme de l'incubation approche ; si elle ne l'est pas, ou le terme est encore éloigné, c'est le cas le plus ordinaire, ou la reine est morte.

Quand les ouvrières veulent détruire une mère sous opercule, elles commencent presque toujours par enlever la cire qui recouvre la pointe de la cellule ; si l'apiculteur les surprend dans ce travail, il peut croire que la mère est arrivée à terme, tandis qu'il n'en est rien ; elles veulent tuer la mère et non l'aider à sortir de sa cellule.

Naissance de l'ouvrière. — L'abeille ouvrière reste sous la forme d'œuf trois jours, et cinq, sous celle de ver ; ensuite les abeilles ferment la cellule, et le ver arrive à son dernier état, à celui de mouche, douze jours après que sa cellule a été operculée ; il est donc vingt jours pour subir ses trois métamorphoses.

En 1861, le jeudi 13 juin, à quatre heures du soir, j'ai vu trois œufs d'ouvrières dans un petit gâteau (il n'y en avait point d'autres), et le vendredi 21 juin, à huit heures du soir, j'ai compté dans le même gâteau, dix-huit cellules operculées. Voilà un fait qui prouve que l'ouvrière, dans une température convenable, ne reste que huit jours sous forme d'œuf et de ver. Je dis une température convenable, car des œufs refroidis pendant quelques heures dépassent le terme de trois jours pour arriver à l'état de larves. J'ai aussi la certitude que l'ouvrière, par de grandes chaleurs, ne reste pas douze jours sous opercule, et qu'elle y reste davantage quand la chaleur lui fait défaut.

Naissance du faux-bourdon. — Le faux-bourdon reste dans l'œuf, trois jours ; sous la forme de ver, six jours douze heures ; il ne se métamorphose en mouche que le vingt-quatrième jour à dater de celui où l'œuf a été pondu.

J'ai pu constater en 1863, que de nombreux bourdons sont arrivés à terme le vingt-troisième jour après la ponte des œufs, laquelle avait eu lieu dans les derniers jours de juillet. Nous avons eu à la vérité pendant presque tout le temps de l'incubation des chaleurs excessives.

46. **Essaimage primaire, secondaire.** — En plaçant les créatures vivantes sur la terre, Dieu leur a dit : *Croissez et multipliez.* Les abeilles obéissent à cette parole par l'essaimage. D'une famille, elles en composent deux, et la nouvelle s'appelle *essaim.* L'essaim est un groupe d'abeilles qui, se séparant de la famille, l'abandonne pour aller s'établir ailleurs et former une autre famille. L'ancienne mère accompagne cette colonie, mais une de ses filles, mère comme elle, reste dans la mère-patrie, pour l'y remplacer.

La première émigration peut être suivie, à quelques jours d'intervalle, d'une seconde et même d'une troisième. La première s'appelle essaim primaire. Il est toujours accompagné de l'ancienne mère. La seconde s'appelle essaim secondaire, lequel est toujours accompagné d'une jeune mère née seulement depuis le départ de l'ancienne.

Au retour du printemps, dans une colonie bien peuplée, la mère pondra, dans le courant d'avril et de mai, une grande quantité d'œufs de bourdons, les ouvrières choisiront ce mo-

ment pour construire plusieurs cellules maternelles ; cinq
ou six jours avant que les larves issues des œufs pondus
dans ces cellules (15) arrivent à l'état complet d'insectes, la
mère sortira de la ruche accompagnée de l'essaim. Lorsque
le temps reste plusieurs jours à la pluie, ou que le miel commence à manquer à la campagne, la mère ou les ouvrières
détruisent toutes les cellules maternelles qui sont operculées ; alors il n'y a point d'essaim. Les abeilles n'attaquent
jamais ces cellules, lorsqu'elles ne contiennent encore qu'un
œuf ou une larve fort jeune.

Quand la ruchée, qui a essaimé une première fois, est fortement affaiblie dans sa population, elle ne pense plus à donner
un second essaim. Les ouvrières laissent sortir librement de
son berceau la jeune mère qui atteint la première son entier
développement. Cette mère détruit sans opposition toutes
ses rivales ; elle les perce de son dard après avoir ouvert
les cellules maternelles à leur base (26). Mais s'il reste encore
dans la ruchée une population passable, assez souvent, elle
se disposera à donner un second essaim. Dans ce cas, voici
ce qui arrive invariablement : les abeilles soudent le couvercle
de la mère qui doit éclore la première. Cette jeune mère
reste captive un jour ou deux, quelquefois plus longtemps ;
elle ne reçoit de nourriture qu'en allongeant sa trompe par un
petit trou percé dans le couvercle de sa cellule, les abeilles
viennent lui donner du miel. Dans sa prison, elle fait entendre des sons plaintifs qu'on a cru devoir appeler un
chant. Ce chant de la mère est facile à distinguer, surtout le soir, en appliquant l'oreille contre la ruche ; il est
composé de cris toujours du même ton et qui se suivent
rapidement. Si, pour cause de mauvais temps, l'essaim ne
sort pas le premier ou le second jour après que le premier
chant aura été entendu, d'autres jeunes mères, arrivées à
leur terme et retenues prisonnières comme la première, pro-

duisent les mêmes sons, mais plus faibles, selon leur âge ;
de sorte qu'on entend plusieurs chants distincts qui alternent, ou, mais rarement, qui se produisent en même temps.

Après une captivité plus ou moins longue, l'aînée des jeunes mères reçoit enfin sa liberté. C'est alors que l'essaim
pouvant se former ne tarde pas à partir. On peut s'attendre
au départ d'un troisième essaim, si le soir ou le lendemain
matin on entend le chant d'une autre mère.

47. **Particularité de chaque essaimage.** — L'essaim primaire ou secondaire, ne se forme que par un beau jour, ou
pour parler plus exactement, dans un instant du jour où
l'air est calme et chaud. Ils m'est arrivé d'observer dans une
ruchée tous les signes avant-coureurs du jet, le désordre,
l'agitation ; mais un nuage passait devant le soleil et le calme
renaissait, les abeilles ne songeaient plus à essaimer ; une
heure après, le soleil s'étant montré de nouveau, le tumulte recommençait, s'accroissait rapidement, et l'essaim
ne tardait pas à partir.

Le lendemain de l'essaimage secondaire , on trouvera
souvent devant la souche, une ou plusieurs mères sans vie ;
on en trouvera aussi, quoique plus rarement, devant l'essaim. Dans ce dernier cas, ce sont de jeunes mères qui,
pendant le tumulte qui a précédé la sortie, se sont échap-
pées parmi l'essaim.

Je n'ai jamais remarqué de jeunes mères mortes en avant
des ruchées qui n'ont essaimé qu'une fois; mais j'ai vu
souvent dans l'intérieur de ces ruchées, des cellules maternelles parfaitement closes et dans lesquelles se trouvaient de
jeunes mères mortes ou des nymphes desséchées.

SECONDE PARTIE

CULTURE DES ABEILLES.

La seconde partie comprend cinq époques : 1º les abeilles à la sortie
de l'hiver ; 2º les abeilles au printemps ; 3º la saison des essaims ;
4º les abeilles en été ; 5º les abeilles en saison morte ; 6º elle
comprend encore les ennemis et les maladies des abeilles.

LES ABEILLES A LA SORTIE DE L'HIVER.

48. AVIS NÉCESSAIRE. — Pour l'intelligence complète de la seconde partie, le lecteur devra, avant tout,
lire les articles RUCHES.

Excepté quelques articles relatifs seulement aux ruches
à calotte et à hausses, tous les autres sont communs aux
trois sortes de ruches.

Les chiffres qui se trouvent entre parenthèses, indiquent les articles à consulter.

---

49. Caractères d'une bonne colonie. — Dans la seconde
moitié du mois de mars, profitez du premier beau jour pour
faire l'inventaire de votre apier. Projetez une certaine
quantité de fumée à l'entrée de la première ruchée ; puis,
après l'avoir décollée avec un couteau à miel ou une lame
solide, soulevez-la au moyen d'une cale d'un à deux centimètres d'épaisseur, enfumez encore. Par l'emploi modéré
et intelligent de la fumée, ayant rendu les abeilles inoffen-

sives, vous allez pouvoir opérer sans masque. La ruche enlevée et placée à terre sans dessus dessous, on commence
par râcler et brosser fortement le plateau que l'on remet
aussitôt à sa place. Cela fait, on s'occupe de la ruchée. Après
avoir écarté les abeilles avec la fumée, on coupe tous les
gâteaux moisis. D'un seul coup d'œil, le praticien se rend
compte des provisions et de la population, deux choses
essentielles pour la prospérité future de la ruchée. Il ne s'en
tient pas là ; cette colonie quoique bien peuplée, bien approvisionnée, pourrait encore tromper ses espérances, si l'a-
beille mère était morte pendant l'hiver. Pour s'assurer que
ce malheur, qui est rare, n'existe pas, il écarte avec la fumée
les abeilles groupées dans le centre, il examine attentivement les gâteaux ; s'il y voit du couvain operculé (44), la
ruchée est dans un état très-satisfaisant, elle a une mère, une
forte population, des gâteaux jaunes plutôt que noirs et des
provisions grandement assurées jusqu'au 1er mai (61). Con-
tent de cette visite domiciliaire, il replace la ruche sur son
plateau et ne s'en inquiète plus jusqu'à la saison des essaims.
Seulement, le soir du même jour ou le lendemain, il fera
bien de calfeutrer (209) le joint entre le plateau et la ruche.

50. Colonies à vieux rayons. — Après cette revue, qui
n'exige que cinq minutes, on passe à une seconde ruchée.
Celle-ci, comme la première, a une forte population, ses
provisions sont suffisantes, elle a du couvain ; mais les gâteaux sont noirs ; les alvéoles, berceaux du couvain, se
trouvent durcis et en même temps rétrécis par une couche
de pellicules que les abeilles, en prenant naissance, y ont déposées. Cette ruchée pourra vivre encore quelques années,
mais elle ne prospérera plus ; ces alvéoles à parois épaisses
nuisent au développement du couvain ; les mouches, pendant l'hiver, sont mal à l'aise entre ces gâteaux qu'elles ont
peine à échauffer, et qui s'imprègnent d'humidité. Que faire

en ce cas ? — Si la ruche est à hausses, il faut, sans hésiter, supprimer la hausse du bas, dans le cas cependant où il y en aurait plus de deux, nous verrons à l'article 87, comment il faudra conduire cette ruchée en mai ; voilà tout ce que nous avons à dire pour le moment.

Si, au contraire, il s'agit d'une ruche commune, vous aurez deux partis à prendre : ou la laisser telle qu'elle est, ne toucher qu'aux rayons moisis, sauf, au mois de juillet, à tout enlever, miel et cire, et à réunir la population à une autre population (161) ; ou la rajeunir ; et à cette fin, coupez tous les rayons horizontalement à une profondeur de dix à douze centimètres, même plus, si toutefois le couvain ne s'y oppose pas. Le travail terminé et avant de passer à une autre ruchée, rassemblez tous les gâteaux que vous venez d'extraire, et transportez-les à la maison, de crainte que l'odeur du miel et de la cire n'excite les abeilles à s'inquiéter entre elles et à se piller. Vous vous trouverez bien de cette précaution.

51. **Ce que l'on entend par vieux rayons.** — Une colonie à vieux rayons est celle dont les gâteaux existent depuis cinq ou six ans au moins : un essaim de l'année précédente aura une cire d'un jaune clair dans la partie occupée par les abeilles, et d'un blanc sale dans les autres parties ; à deux ans, la cire sera d'un jaune plus foncé ; à trois ans, elle brunira et deviendra presque noire ; enfin, à six ans, les rayons du centre seront entièrement noirs. On aura de la peine à les froisser entre les doigts, on les déchirera plutôt qu'on ne les coupera, car les pellicules qui en tapissent les alvéoles s'opposent à l'action du couteau. En outre, ils sont beaucoup plus lourds que ceux d'une date plus récente ; avec un peu d'habitude et d'expérience, on peut, sans peine, faire cette distinction.

52. **Colonie qui a souffert de l'hiver.** — Passons à une

troisième ruchée. Celle-ci nous présente un triste spectacle : les parois intérieures sont humides ; les rayons eux-mêmes le sont également ; une population affaiblie occupe à peine quelques gâteaux ; peut-être même les rayons latéraux sont remplis d'abeilles mortes ; du reste, elle a suffisamment de vivres. La seule chose à faire pour le moment, c'est d'enlever les rayons vides ; de ne laisser que ceux habités par les abeilles, ou contenant du miel. La citadelle, ainsi restreinte, deviendra plus facile à défendre contre l'invasion de la fausse-teigne, dont nous parlerons à l'article 189. Comme la fausse-teigne n'est à craindre qu'à partir du mois de mai, on peut, à la rigueur, attendre cette époque pour supprimer le superflu des appartements. Quoi qu'il en soit, replacez et n'oubliez pas le soir de calfeutrer.

Si cette ruchée est un essaim de l'année précédente, elle peut encore, toute faible qu'elle est, donner un bon panier ; mais autrement, c'est une ruchée perdue, dont on ne peut tirer parti qu'en la réunissant à une autre. Oublions-la pour le moment ; nous y reviendrons plus tard, nous lui ferons une seconde visite. En attendant, elle est signalée comme une non-valeur.

53. **Colonie orpheline.** — La quatrième ruchée que nous avons à explorer est passablement fournie de miel et d'abeilles ; mais nous cherchons en vain à découvrir quelques traces de couvain ; écartons bien les mouches pour pénétrer au fond des gâteaux et découvrir quelque chose qui nous rassure, car le couvain est un indice certain de la présence de la mère. Rien ne vient accuser cette présence. Malgré les justes inquiétudes que doit nous inspirer l'état de cette ruchée, ne la condamnons pas sans de nouveaux renseignements ; marquons-la, comme la précédente, du signe des suspects ; elle est fortement soupçonnée d'être orpheline, c'est-à-dire, de manquer de mère.

On peut estimer de trois à quatre pour cent le nombre des familles qui perdent leur mère en hiver.

54. Colonie dépourvue de miel. — Nous arrivons à la cinquième ruchée : elle est bien légère, point ou presque pas de miel. Enfin il faut la nourrir, si on ne veut pas la perdre. Elle est passablement peuplée ; c'est une colonie laborieuse qui vous demande à lui faire des avances ; elle vous les rendra plus tard avec de gros intérêts, vos prêts vous enrichiront. Elle ne vous demande que son pain quotidien. Donnez-lui quelque chose de mieux ; prévenez ses besoins ; donnez-lui en abondance, elle n'abusera pas de vos dons ; il ne lui manque pour prospérer qu'un peu de miel, hâtez-vous de le lui donner. Notez cette ruchée et toutes celles qui sont dans le même cas. Replacez-la sur le plateau, mais sans la calfeutrer, puisque vous devez la nourrir.

55. Colonie mourante. — Une sixième ruchée se présente à notre examen ; au dedans, au dehors, il n'y a ni bruit ni mouvement. Aucune abeille n'en sort, aucune n'y rentre. Soulevez cette ruche, les habitants sont morts ou du moins paraissent l'être : les uns sont tombés sur le plateau ; les autres, aussi sans mouvement, sont retenus entre les rayons ; quelques-uns donnent encore signe de vie. Hâtez-vous de leur venir en aide. Si leurs formes extérieures ne vous paraissent pas altérées, si la trompe se trouve ramenée sous les mandibules, si l'abdomen n'est pas raccourci et comme replié sur lui-même, peut-être que les abeilles ne sont qu'engourdies par le froid et la faim, que le principe vital existe encore, qu'il ne faut que le ranimer par l'action simultanée de la chaleur et de la nourriture. Il ne vous restera plus aucun doute si, réunissant dans le creux de la main et réchauffant au souffle de votre haleine une vingtaine de vos abeilles, vous les voyez, quelques minutes après, remuer faiblement leurs pattes ou leurs antennes. Jetez aussitôt dans

4

la ruche les abeilles tombées sur le plateau, enveloppez-la d'une serviette pour les retenir prisonnières, et portez-la dans une chambre bien chaude auprès d'un feu modéré. Quand les abeilles commencent à se réveiller, la ruche étant placée sens dessus dessous, on répand sur la serviette qui l'enveloppe deux ou trois cuillerées de miel liquide. Les abeilles viennent sucer à travers le tissu. Bientôt des milliers de trompes s'empressent de recueillir la manne du désert. On peut leur distribuer ainsi, et par intervalles, de cent à deux cents grammes de miel. Le soir du même jour, le panier sera porté au rucher, sur son plateau et dans sa position ordinaire, mais toujours enveloppé de la serviette. Une petite cale le tiendra soulevé au-dessus du plateau pour la circulation de l'air. Le froid de la nuit fera remonter les abeilles dans les gâteaux, et le matin, après avoir enfumé à travers la serviette, on enlèvera celle-ci sans difficulté. J'ai sauvé de la sorte plus de dix paniers. N'espérez pas, toutefois, rappeler à la vie toute la population ; soyez heureux si vous en sauvez la moitié ou les deux tiers. Lorsque l'engourdissement ne date que d'un jour, le chiffre des morts se réduit à peu de chose. Plusieurs ruchées, ainsi ravivées, ont donné des essaims la même année.

56. **Ruche abandonnée.** — Voici une autre ruche qui va nous intriguer : il y a du miel, mais la maison est déserte ; on trouve seulement quelques centaines d'abeilles, étendues sans vie sur le plateau. Pourquoi cette solitude ? A quelle cause l'attribuer ? C'est tout simplement une colonie qui s'est trouvée orpheline à l'automne ; alors les abeilles, ont abandonné la ruche, ou, se trouvant en trop petit nombre pour maintenir une température convenable, sont mortes pendant les froids de l'hiver. On peut donner le miel qu'elle renferme à d'autres ruchées nécessiteuses ; et si aucune n'est dans le besoin, et que le miel en vaille la peine, après

avoir retranché toutes les portions de gâteaux vides, on porte cette ruche à la cave, afin de la conserver à l'abri de la fausse-teigne, jusqu'à ce qu'on ait un essaim à y loger.

57. Peuplade morte de froid. — Les sept paniers que nous venons de passer en revue représentent tous les cas, toutes les circonstances que l'on peut rencontrer dans un apier au printemps ; il sera facile à chacun de comparer et de juger. Aux sept tableaux que je viens d'exposer, on pourrait en ajouter un huitième. L'hiver de 1829 à 1830 a été très-long et très-rigoureux ; beaucoup de ruchées même très-lourdes, ont été dépeuplées par le froid et la faim. Voici comment : les abeilles, après avoir consommé tout le miel contenu dans les rayons qu'elles occupaient, se sont trouvées dans l'impossibilité, à cause de la violence et de la durée du froid, d'aller occuper ceux qui étaient remplis de miel. Ainsi, au centre de la ruche, pas une goutte de miel ; les abeilles y étaient mortes dans les alvéoles et entre les gâteaux vides ; tandis que pas une seule mouche ne se trouvait dans ceux de côté, qui étaient remplis de miel. Pour la ruchée, dont j'ai parlé à l'article 52, on devra attribuer la perte d'une bonne partie de sa population, tantôt à la cause que je viens d'indiquer, tantôt à la vétusté des rayons.

Les colonies à faible population, quoique bien approvisionnées, résistent rarement à un hiver long et rigoureux.

58. Oter des hausses aux ruches (1). — Il va sans dire qu'on ne touche pas aux ruches composées de deux hausses seulement ; on ne fait qu'en retrancher les portions de gâteaux moisis ; il n'est donc question ici que des ruches à trois ou à quatre hausses. Pour les paniers à quatre hausses, on supprime la quatrième, c'est-à-dire, celle du bas. Si on

_____

(1) Cet article ou paragraphe est relatif seulement aux ruches à hausses.

allait au-delà, on endommagerait le couvain. Cependant, si la ruchée était faible en population, et si elle n'avait presque pas de couvain dans la hausse suivante, il faudrait encore supprimer celle-ci.

Voici ce qu'on a à faire pour les ruches à trois hausses : on ne touche pas à celles que l'on destine à produire du miel ou des essaims naturels, mais on supprime la troisième hausse : 1° de toutes celles dont les gâteaux auront plus de cinq ans, et qu'on voudra renouveler (87); 2° de celles dont on voudra tirer des essaims artificiels (142); 3° enfin de toutes celles qui paraîtront médiocrement peuplées. Quand on dit qu'il faut retrancher une hausse aux ruches qui en ont trois, et qui sont classées dans les trois cas précédents, on suppose toujours qu'on ne touche pas au couvain de manière à l'endommager notablement. Retrancher deux ou trois cents cellules remplies de couvain me paraît un dommage considérable à cette époque de l'année.

59. Récolte de cire au printemps. — Plusieurs auteurs conseillent de faire une récolte de cire au printemps; on devrait, suivant eux, couper une grande partie des gâteaux où il n'y aurait ni miel ni couvain. C'est une récolte, disent-ils, qui ne manque jamais, et dont on peut tirer un assez grand profit.

Il y a beaucoup à dire pour et contre cette méthode. Avec les ruches d'une seule pièce, c'est-à-dire, les ruches communes, je la crois presque toujours nuisible, excepté pour le cas spécifié dans l'article 50; car si la ruche est petite, ne jaugeant, par exemple, qu'une vingtaine de litres, pour peu qu'on touche aux gâteaux, les abeilles seront à découvert et les froids d'avril les feront souffrir. Si, au contraire, la ruche est d'une plus grande capacité, on pourra, sans doute, enlever un tiers de la cire, mais ce retranchement notable retardera l'essaimage; et puis, comme c'est avec le miel que les abeilles composent la cire, je doute qu'il y ait profit à opérer cette transformation. Je suppose deux ruches passablement grandes, ayant la même population, le même poids, le même âge ; je maintiens que celle à laquelle on aura retranché un tiers de la cire, essaimera plus tard que l'autre. Du moins la chose arrivera trois fois sur quatre.

Quant aux ruches à hausses, si je conseille de supprimer, dans certains cas, une et même deux hausses, ce n'est pas avec l'intention de faire une récolte de cire, mais pour des motifs divers, selon le parti qu'on veut tirer d'une ruche.

60. **Pourquoi la première visite en mars ?** — On doit visiter son apier dans la seconde moitié du mois de mars pour deux raisons : la première, c'est que l'on connaîtra tous les paniers légers qui auront besoin de miel ; la deuxième, c'est qu'à cette époque, le couvain peu nombreux, n'occupant qu'une faible partie du centre de la ruche, il sera facile de retrancher tous les vieux rayons à dix ou douze centimètres de profondeur. Pour peu qu'on attendrait, le couvain remplirait toute l'étendue des rayons, ce qui rendrait l'opération impossible. Il est bien entendu que s'il n'y a pas de beaux jours en mars, on attendra le mois d'avril. Lorsque vous n'avez rien à retrancher de vos ruches, et que vous êtes sûr qu'elles ont des provisions suffisantes, rien ne vous presse, et vous êtes libre de les visiter quand bon vous semblera.

On peut se dispenser de la première visite du printemps. Les abeilles des ruchées fortes savent bien se débarrasser de tout ce qui les gêne ou leur nuit : elles sortent les morts ; elles emportent la cire émiettée qui recouvre le plateau ; elle nettoient les cellules remplies de vieux pollen ; en un mot, elles savent, sans le secours de personne, approprier leur domicile. Quelques beaux jours suffisent pour cette besogne. Elles n'attendent pas même jusqu'au mois de mars.

4.

Ne les voyez-vous pas, dans une belle journée de janvier ou de février, comme elle se hâtent de trainer les morts et de les emporter aussi loin que possible.

Cependant, si notre visite en mars est à peu près inutile pour les colonies fortes, elle devient nécessaire pour les populations faibles. Pour celles-ci, il faut enlever les rayons moisis, ou remplis de vieux pollen (41), ceux qui ont pu être entamés par les souris ; il faut râcler et brosser le plateau afin d'empêcher la fausse-teigne (189) de s'établir sur les débris de cire qui s'y trouvent.

61. Miel nécessaire en mars et avril. — Maintenant, que notre inspection générale est faite, rendons-nous compte de nos impressions. Nous avons visité un grand nombre de familles : les unes dans la joie et l'abondance ; les autres dans le deuil et la tristesse ; d'autres enfin dans l'indigence. Secourir ces dernières au plus vite, c'est une bonne action. Chacun y trouvera son profit. Notre libéralité ne doit avoir d'autres bornes que celles des besoins. Voici les règles que nous suivons à cet égard. Une ruchée ayant deux kilogrammes de miel en magasin au 20 mars, peut, avec ses propres ressources, vivre jusqu'au 1er mai. Cependant, si la fin de mars et le commencement d'avril présentent de belles journées qui permettent aux abeilles d'amasser du pollen, la ponte prendra en grand développement ; il faudra beaucoup de miel pour nourrir un nombreux couvain. Dans ce cas, les deux kilogrammes de miel dont nous venons de parler, seront insuffisants, il en faudra trois.

Les mouches que l'on nourrit consomment plus que celles qui ont leurs provisions. Deux kilogrammes de miel en magasin font autant de profit que trois donnés en nourriture (173). Ainsi, ne craignons pas de donner, chaque semaine, à une ruchée bien peuplée, cinq cents grammes de nourriture.

62. Estimer le miel d'une ruche. — Ce n'est pas chose bien difficile que d'estimer au printemps le miel d'une ruchée. Connaissant le poids du panier vide, ajoutez-y un kilogramme pour les abeilles, de 500 à 1,500 grammes pour la cire, suivant que la ruche est plus ou moins grande, ou la cire plus ou moins vieille.

Pour plus de précision et pour être mieux compris, je vais mettre en tableau le poids de deux ruchées d'âge différent. Je suppose que la pesée se fait en mars ; à cette époque, il y a peu de couvain.

Essaim de l'année précédente.

Poids brut. . . . . 8^k,300
Ruche vide . . . . 3^k,000 ⎞
Abeilles. . . . . 1 ,000 ⎟
Rayons . . . . 0 ,700 ⎬ 5 ,000
Couvain, environ . . . . 300 ⎠
Reste, miel. . . . . 3 ,300

Ruches à vieux gâteaux.

Poids brut . . . . 8^k,300
Ruche vide . . . . 3^k,000 ⎞
Abeilles . . . . 1 ,000 ⎟
Rayons . . . . 1 ,500 ⎬ 5 ,800
Couvain, environ. . . . . 300 ⎠
Reste, miel. . . . . 2 ,500

Le poids des abeilles, que je porte à un kilogramme, suppose une bonne population au printemps.

La ruche de paille pèse environ trois kilogrammes. Le poids des gâteaux de l'essaim que je porte à 700 grammes, suppose que le panier jauge de 25 à 27 litres. Si les ruches sont plus grandes ou plus petites, on doit augmenter ou diminuer proportionnellement le poids des rayons. En réalité, il n'y a pas plus de cire dans la vieille ruche que dans l'essaim, quoique le poids en soit bien différent. Les cellules qui ont servi longtemps de berceau aux abeilles, sont tapissées d'une couche épaisse de pellicules que chaque nymphe y a déposées ; ces vieilles cellules peuvent encore renfermer du pollen durci par les années ; c'est ce qui rend les vieux gâteaux deux et trois fois plus lourds que les nouveaux.

Pour la pesée des ruchées, on emploiera la balance à ressort appelée peson. Voir l'article 158.

63. **Présenter le miel aux abeilles.** — La pesée que vous avez faite, vous a renseigné sur la quantité de miel qu'il faut à chacune de vos colonies nécessiteuses. Je vais à l'instant vous indiquer les différentes manières de leur présenter le miel. Vous n'aurez que l'embarras du choix.

Premier mode. — Rognez à trois centimètres tous les gâteaux de la ruche. Faites fondre le miel en y ajoutant environ un huitième d'eau pour le conserver à l'état liquide ; laissez-le s'attiédir ; après l'avoir versé dans une assiette, couvrez-le légèrement de cire brute, émiettée, ou de petits brins de paille ; enfin, placez sous les gâteaux rognés, votre assiette de miel qu'une médiocre population emmagasinera en une seule nuit.

Deuxième mode. — Pratiquez au milieu d'un plateau une ouverture circulaire à bord évasé, et de dimension telle, qu'on puisse y loger un plat qui affleure par le dessus avec le plateau. Vous devinez maintenant comment vous allez assister vos protégées. Après avoir mis le plat dans sa case, vous le remplissez de miel, puis, vous le placez sous la ruche, sans que vous ayez besoin de toucher en rien aux gâteaux. Le miel sera préparé et recouvert comme dans le premier mode, et vous pourrez en donner jusqu'à un kilo-

gramme et demi à la fois. Une forte population emmagasinera le tout dans l'espace de douze heures.

Troisième mode. — Donnez à la ruche une hausse vide,
placez-y un plat de miel, et rapprochez-le des abeilles le
plus près possible, en l'exhaussant sur des planchettes ou
tout autre objet. Si vous avez des gâteaux vides, vous pouvez les remplir de miel et les déposer sur le plat, de manière qu'ils touchent ceux de la ruche.

Quatrième et dernier mode. — Pour les ruches à hausses,
le moyen le plus simple, quand on a du miel en rayons,
c'est de le placer par-dessus le couvercle de la ruche, et de
le recouvrir d'un chapeau (204). On peut ainsi, d'une seule
fois, donner tout l'approvisionnement. Les abeilles n'y tou-
cheront qu'au fur et à mesure de leurs besoins. On attendra
qu'il n'y ait plus rien dans les rayons pour les enlever.
En calfeutrant le chapeau, on prévient tout danger de pillage.

Ce dernier mode est préférable à tous les autres, il a le
grand avantage de ne déranger ni les ruches ni les abeilles.

Observations. — 1° Vous remarquez une population qui
semble dédaigner le miel que vous lui présentez ; elle met
beaucoup de lenteur à le transporter dans ses magasins.
Quand pareille chose arrive, c'est que le froid est bien vif
ou la famille bien réduite ; sans une cause de ce genre, jamais les abeilles ne sont indifférentes au miel.

2° Le miel qui a été mélangé d'un peu d'eau est plus
agréable aux abeilles que celui auquel on a ajouté du vin.

3° L'emmagasinement de la nourriture, miel ou sirop, est
toujours accompagné d'un fort bruissement ; quand ce bruit
ne se fait pas entendre, on peut juger que les abeilles ne
prennent pas ou presque pas la nourriture.

4° Des abeilles en nourrissement n'opposent qu'une faible résistance à des tentatives de pillage : ce sont des

vives surpris au milieu d'un joyeux festin par une bande affamée. Nous devons les mettre à l'abri d'une première surprise, en rétrécissant considérablement la porte. Les assaillantes n'osent pas trop s'engager dans un passage étroit.

5° Ne donnons que la quantité de nourriture qui peut être emmagasinée dans une nuit : un demi-kilog. à une colonie médiocre ; un kilog. et même un kilog. et demi à une forte. Le 27 juillet 1863, une de mes plus fortes populations a emmagasiné quasi 2 kilog. 500 grammes en douze heures, nous avions une température de 24 à 25 degrés centigrades ; une autre de mes ruchées, le 17 octobre 1864, par un température de 10 à 12 degrés centigrades, a emmagasiné 3 kilog. 700 grammes en moins de quinze heures ; mais, au printemps, j'ignore si les mouches iraient aussi vite en besogne.

6° Par un temps pluvieux, le pillage n'étant pas à craindre, on fera bien de donner en une seule fois, à chaque colonie, toute la nourriture nécessaire. On y trouvera deux avantages : les abeilles seront dérangées moins souvent ; de plus, la déperdition chez une ruchée qui reçoit un ou deux kilog. à la fois, sera moins grande que chez une autre qu'on nourrit au jour le jour.

7° La nourriture présentée dans un vase ayant de 25 à 30 centimètres de diamètre, sera enlevée plus vite que si on l'avait mise dans un vase de moindre diamètre. La nourriture sur une grande surface, voilà la condition d'un prompt emmagasinement.

Pour nourrir les abeilles, je me sers d'un vase en fer-blanc à bord droit, ayant 29 centimètres de diamètre sur 5 de profondeur. Le fond du vase est percé dans son milieu, d'un trou de 30 à 40 milimètres ; sur ce trou s'élève, jusqu'à la hauteur du vase, un tuyau de même diamètre ; cet ap-

pareil permet de donner la nourriture par le haut, pour les
ruches à hausses et à calotte. En effet, quand on en cou-
ronné une de ces ruches, les abeilles du dedans montent
par le tuyau, viennent prendre leur charge qu'elles rapportent par le même chemin. Pour éviter le danger du pillage,
il faut avoir soin de recouvrir le vase d'une calotte bien cal-
feutrée dans ses joints. Ce ne sont que les fortes populations qui vont chercher si loin leur nourriture, et encore
faut-il que la température soit douce. Le plus souvent le
vase sera donc placé par le bas et non par le haut, la figure
5 représente le vase dont je viens de parler.

8° Du miel figé que l'on présenterait aux abeilles resterait
longtemps avant de pouvoir être emmagasiné ; mais je ne
puis partager l'opinion des apiculteurs qui prétendent que
les abeilles périssent, quand leur miel d'approvisionnement
se trouve figé dans l'intérieur des paniers. En 1857 et 1858,
au mois d'août, presque tout le miel de mes ruchées était
figé, et cependant toutes ont traversé la mauvaise saison
sans le moindre accident. Notre miel, il est vrai, se fige
facilement en pot, mais il se granule peu.

9° De la cire brute, émiettée est, sans contredit, ce qu'il y a
de mieux pour couvrir le miel. Je crois que des parcelles
de liége, c'est-à-dire, de vieux bouchons découpés vau-
draient encore mieux que des brins de paille. De la toile
d'emballage ou canevas est également très-convenable.

64. **Le moment de donner le miel aux abeilles.** — Présenter le miel aux abeilles par un beau soleil, c'est les exposer au pillage ; le donner dans le milieu de la journée, par
un temps froid ou pluvieux, c'est un autre inconvénient : la
famille s'émeut de joie, une partie s'échappe dans les airs,
et je soupçonne fort que les aventurières ne rentrent pas
toutes à la maison. Il faut donc attendre jusqu'au coucher
du soleil pour ravitailler les ruches. On doit placer le miel

le plus près possible des abeilles, le mettre, qu'on me passe
l'expression, sous leur nez, et de façon qu'il touche les gâteaux. On rétrécit ensuite la porte, on calfeutre partout, et
cela afin de concentrer la chaleur intérieure et de prévenir
toute tentative de pillage pour le lendemain.

Les émanations du miel appelleraient les abeilles étrangères, c'est pour empêcher ces émanations, qu'on recommande particulièrement de bien calfeutrer.

Il arrive parfois que, même en ne donnant la nourriture
qu'après le coucher du soleil, les abeilles, folles de joie,
s'aventurent encore au dehors. Pour éviter ce grave inconvénient, on fera bien de boucher tout à fait l'entrée et de ne
l'ouvrir qu'à la nuit.

Quand on présente le miel, il y a presque toujours des
abeilles sur le plateau. On les chasse, afin de pouvoir placer
le vase. Mais elles reviennent immédiatement. Il faut donc
qu'il y ait encore assez de lumière pour les guider vers leur
domicile. Par conséquent, on n'attendra pas jusqu'à la nuit
pour donner la nourriture.

Toute nourriture, miel ou sirop, doit être donnée plutôt
froide que chaude. Si on la donnait chaude, un certain
nombre d'abeilles trop avides périraient d'indigestion.

Recommandation.— Ne touchez jamais aux ruchées avant
d'y avoir soufflé quelques bouffées de fumée. Vous prévien-
drez par là la colère des abeilles et vous maintiendrez
le calme dans la famille. Ainsi, soit que vous placiez, soit
que vous retiriez le vase à miel, faites-vous précéder de
la fumée. C'est un ambassadeur qui réussit toujours à négo-
cier une paix honorable pour les partis.

Ne laissez traîner auprès de l'apier rien qui rappelle le
miel. Au printemps comme à l'automne, pour peu que vous
excitiez la convoitise des abeilles par quelques gouttes de
leur mets bien-aimé, gouttes qui seraient restées dans les

gâteaux ou sur les assiettes, elles s'y abattent avec une sorte
de frénésie et de là vont porter l'inquiétude, le ftouble et la
guerre dans tout l'apier (168). Portez donc à la maison
assiettes et gâteaux, après en avoir chassé les mouches qui
pourraient s'y trouver.

65. Sirop de sucre substitué au miel. — Une colonie,
nourrie et approvisionnée exclusivement avec du sucre,
prospère aussi bien que nourrie avec du miel. Un sirop
composé de sept parties de sucre et de quatre parties d'eau
est, pour les abeilles, une nourriture aussi saine, aussi
agréable, aussi nutritive que du miel de bonne qualité. Par
l'expression *aussi nutritive*, j'entends qu'un kilog. de ce
sirop nourrira une colonie aussi longtemps qu'une égale
quantité de miel.

Depuis quatre ans (de 1861 à 1864), j'ai employé, pour mes
expériences, plus de 200 litrés de sirop de sucre, et toujours j'en ai obtenu, comme nourriture, les résultats les plus
satisfaisants.

La manière de préparer le sirop est simple. On verse dans
une chaudière quatre litres d'eau avec sept kilog. de sucre
divisé en morceaux de 100 à 200 grammes ; on place la
chaudière sur un feu modéré ; on remue et on brise avec
une spatule les morceaux les plus résistants ; aussitôt que
le sucre est complétement dissous, c'est l'affaire de trente à
quarante minutes, on retire la chaudière, et après refroidissement, on met le sirop en bouteille, pour s'en servir au besoin. J'en ai conservé de la sorte, sans aucune altération,
depuis juillet 1862 jusqu'en avril 1863.

En juillet 1863, ayant dissous un pain de sucre de 8 kilog.
300 grammes dans quatre litres sept décilitres d'eau (4 kilog.
700 grammes), j'en ai obtenu neuf litres cinquante et un décilitres de sirop pesant en totalité 12 kilog. 493 grammes ;
c'est une réduction de 507 grammes, puisque sucre et eau

5

avaient pesé 13 kilog. Comme c'est l'eau qui s'évapore et non le sucre, le sirop n'avait donc plus qu'une partie d'eau pour deux parties de sucre.

On présente aux abeilles le sirop de sucre comme le miel; elles l'emmagasinent avec autant d'empressement.

Au lieu de sucre en pain, on peut employer de la cassonnade (vergeoise), dans la proportion de deux parties pour une partie d'eau. Inutile d'ajouter que la cassonnade se dissout facilement et promptement dans de l'eau froide.

Un kilog. de cassonnade dissoute dans un litre de moût de raisin bien mûr est une bonne nourriture, qui se conservera en bouteille, jusqu'au printemps suivant.

66. **Glucose subtitué au miel.** — Le glucose est de la fécule de pomme de terre transformée en sucre, sous forme de sirop ou de pâte ; sous forme de sirop, il s'appelle dans le commerce, *sirop de froment,* ou *sirop de fécule,* selon qu'il est plus ou moins concentré ; sous forme de pâte il se nomme *sucre de fécule.* Ce dernier est employé dans la brasserie ; il pourrait nuire aux abeilles par l'acide sulfurique qu'il renferme. Le sirop de fécule, aussi liquide que du sirop ordinaire, ne renferme pas autant de sucre que le sirop de froment. Bouillant, il ne marque que de 30 à 33 degrés au pèse-sirop, tandis que le sirop de froment en marque 40. Le sirop de fécule est sujet à fermentation ; je n'en ai jamais fait usage pour nourrir les abeilles, mais je sais que des apiculteurs l'emploient sans inconvénient ; plusieurs y ajoutent moitié miel. Le sirop de fécule, contenant moins de sucre, est naturellement moins cher que le sirop de froment.

Le sirop de froment est très-concentré, très-gluant, incolore, parfaitement limpide. Il est d'un grand usage chez les confiseurs et les liquoristes. Il peut servir également à nourrir les abeilles, qui l'emploient tout aussi bien que de miel pour élever du couvain.

Ayant employé, en 1858 et 1859, au moins 80 kilog. de sirop de froment en nourriture à des colonies nécessiteuses, je m'en suis bien trouvé. Quand ce sirop ne vaut que de 45 à 50 francs les 100 kilog., il y a économie à s'en servir ; mais, en disette de pommes de terre, lorsqu'il se vend de 60 à 70 francs, on fera mieux, à mon avis, d'employer le sucre ordinaire, surtout au prix actuel de 70 à 75 centimes le demi-kilog.

Le sirop de froment, avons-nous dit, est très-gluant ; aussi les abeilles ne peuvent que difficilement en séparer les parties, s'il n'est délayé dans un sirop de sucre. Voici une formule qui m'a réussi : dissolvez un kilog. et demi de cassonnade (vergeoise) dans un litre d'eau chaude ; dans cette liqueur, faites couler doucement trois kilog. de sirop de froment, en ayant soin de remuer avec une spatule pour faciliter la dissolution ; conservez ce mélange dans des bouteilles.

Le sirop de froment pur est, pour ainsi dire, inaltérable ; j'en ai conservé, pendant cinq ans, dans un petit flacon mal bouché sans qu'il eût subi la moindre altération ; mais, délayé, il est sujet à un léger mouvement de fermentation. On ne doit donc pas faire le mélange trop longtemps avant son emploi

Le sirop de froment serait plus agréable aux abeilles, s'il y entrait du miel pour moitié.

67. Quand faut-il cesser de nourrir les abeilles? — On doit assurer les vivres jusqu'au 1er mai. Voilà la règle ; cependant cette époque ne peut être fixée comme première et dernière limite. Supposez des pluies ou des froids continus, pendant les mois d'avril et de mai, il est évident que les abeilles auront besoin de votre assistance, pendant ces deux mois de pluie et de froid. J'ai vu des ruchées périr de faim dans le mois de juin. Si le mois d'avril se présente bien et qu'il fasse chaud, les abeilles, au lieu de consommer leurs provisions,

les augmenteront. Mon opinion, basée sur l'expérience, c'est
que les abeilles, avant les premiers jours de mai, amassent
rarement assez de miel pour se suffire, et qu'après cette époque, elles ont rarement besoin de notre assistance. Pour
être bien compris et pour n'induire personne en erreur, je
dois avertir que mes observations ont été faites dans un
pays agricole où l'on cultive le colza, où l'on rencontre des
vergers couverts de cerisiers et de pruniers, dont les abeilles affectionnent particulièrement la fleur. Dans les années
ordinaires, ces fleurs se succèdent, depuis le 15 avril jusqu'au 15 mai. Dans les montagnes des Vosges, où la végéta-
tion est un peu plus tardive que dans la plaine, on fera bien
d'assurer les vivres jusqu'au 10 mai.

LES ABEILLES AU PRINTEMPS.

68. Deuxième visite des ruchées. — La seconde visite n'a d'autre but que d'examiner de près les quelques ruchées douteuses que nous avons signalées dans les articles 52 et 53. Cette visite se fera du 15 au 30 avril. Il faut, avant de la faire, que ce mois ait fourni au moins huit jours de beau temps et de travail pour les abeilles, sinon on attendra au mois de mai. Pourquoi cette condition de huit jours de beau temps? C'est qu'alors les abeilles en auront profité pour multiplier le couvain et le proportionner à la population, et que tous les paniers ayant une mère auront aussi du couvain. Pour cette visite, choisissez une belle journée, un beau soleil, depuis dix heures du matin jusqu'à trois heures du soir. C'est le moment de la plus grande activité.

69. Colonie de 1er, 2e et 3e ordre. — Pour mieux faire comprendre l'état des ruchées malheureuses que nous allons visiter, nous jetterons préalablement un coup-d'œil rapide sur l'apier ; nous étudierons en quelque sorte la physionomie de chaque ruchée. Examinez attentivement l'entrée de la première : le passage suffit à peine, tant est grand le nombre des ouvrières qui reviennent des champs et qui y retournent. Dans une minute, on peut compter jusqu'à une trentaine d'abeilles, chargées de pollen, qui se hâtent de rentrer dans la ruche. Au milieu de ce mouvement d'entrée et de sortie, on remarque de quinze à vingt abeilles placées tantôt de file, tantôt de front, comme des tambours en tête d'un bataillon. On les voit cramponnées au plateau, la tête baissée, l'abdomen en l'air, agitant vivement les ailes. Ces abeilles sont en bruissement, elles font l'office de ventilateur, elles renouvellent l'air de la ruche. Tous ces signes indiquent une ruchée de premier ordre ; inutile d'y toucher.

La seconde est moins animée. Les abeilles qui sont en

bruissement, celles qui reviennent chargées de pollen sont moins nombreuses. De ces dernières on ne compte qu'une vingtaine à la minute, mais c'est un mouvement régulier et continu d'entrée et de sortie. Ne touchez pas encore à cette ruchée, elle essaimera, si l'année est favorable.

En voici une troisième, encore moins animée que la précédente. A l'entrée, trois ou quatre abeilles sont en bruissement, huit ou dix seulement rentrent chargées dans l'espace d'une minute. Si c'est un essaim de l'année précédente, cette ruchée prospérera d'une manière remarquable; elle ne fournira pas d'essaim, mais, à l'automne, on la comptera très-probablement au nombre des meilleurs paniers. Si, au contraire, les gâteaux sont anciens, on ne pourra pas beaucoup espérer de son avenir. Du reste, qu'on soit sans inquiétude sur la présence de la mère. Je suis encore d'avis de ne pas toucher à cette troisième ruchée.

70. Colonie sans valeur. — Nous venons de voir trois colonies qui nous donnent des espérances plus ou moins grandes; mais voici une quatrième ruchée qui nous en laisse bien peu. Quelques rares abeilles montant la garde, deux ou trois en bruissement, quatre ou cinq à la minute entrant avec du pollen, voilà le triste spectacle qu'elle nous présente. Selon toute apparence, elle a une mère, mais que peut faire un général sans soldats? Examinez l'intérieur de cette ruchée; si vous y trouvez du couvain et s'il vous plaît de vouloir la conserver, coupez tous les rayons qui ne sont ni occupés par les abeilles ni remplis de miel; la garde sera plus facile, et la ruchée sera moins exposée aux attaques de la fausse-teigne. Mais si vous en croyez les conseils de l'expérience, je vous dirai tout simplement que cette ruchée doit être réunie à une voisine, et cela le jour même.

71. Colonie orpheline qu'il faut réunir. — Enfin nous arrivons à une dernière ruchée. Elle a passablement d'abeilles à l'entrée ; cependant tout, à l'extérieur, paraît triste et désœuvré. De loin en loin une ouvrière sort, une autre chargée de pollen rentre ; l'une et l'autre semblent hésiter pour sortir ou pour rentrer ; une ou deux abeilles essaient de faire le bruissement ; c'est un bruissement qui paraît les fatiguer et les ennuyer, car il est souvent interrompu ; voilà la physionomie d'une ruchée orpheline. Visitez l'intérieur, regardez jusqu'au fond de la ruche, coupez quelques gâteaux du centre, à une profondeur de quinze centimètres, examinez-les de près, regardez dans le fond des cellules ; si vous n'y découvrez pas des œufs ou des vers d'abeilles ouvrières (44), vous pouvez avoir la certitude que la ruchée manque de mère. Il peut arriver que cette ruchée n'ait pas de couvain d'ouvrières, mais qu'elle en ait de faux-bourdons ; le mal est également irréparable, car ce sont des ouvrières pondeuses ou des mères bourdonneuses qui produisent ce couvain, elles n'en produisent jamais d'autre (1).

Une ruchée qui n'a point de couvain d'ouvrières en avril, doit être réunie à une autre. N'essayez pas de lui procurer une mère, ce serait souvent peine perdue ; et si par hasard vous y réussissiez, il serait encore très-douteux que cette ruche pût se repeupler pour la saison du miel. Mais alors, une moissonneuse après la moisson est-elle bien utile ?

72. Réunion en avril des ruchées sans valeur. — On ne doit supprimer au printemps que des ruchées qui, quoique ayant une mère, ne forment qu'une très-faible population, et les ruchées orphelines, lesquelles ordinairement sont peu peuplées. L'opération est très-simple. On choisira un beau

---

(1) Le couvain produit par une ouvrière pondeuse se trouve dans des alvéoles de bourdons, tandis que celui qui vient d'une mère bourdonneuse est logé au centre de la ruche dans des cellules d'ouvrières. Voyez les art. 9 et 24

temps et un moment de la journée où les ouvrières vont à la campagne. Après avoir enfumé modérément la ruchée à supprimer, on la secoue légèrement contre terre; quelques abeilles tombent; on secoue de rechef; d'autres abeilles tombent encore; enfin, on secoue successivement et plus fortement, jusqu'à ce qu'il n'en reste plus. Si, malgré ces secousses répétées, il reste encore quelques abeilles, on enlève les gâteaux qui les retiennent. Les abeilles se relèvent, retournent à leur place, et ne trouvant plus leur ruche, elles entrent sans beaucoup de cérémonie dans les ruchées voisines, où elles sont reçues sans difficulté. Quand la bâtisse est d'un essaim d'un an, et quand surtout elle a du miel, on fera bien de la conserver à la cave pour y loger un premier essaim. On prendra alors plus de précautions dans la chasse aux abeilles, afin de ne pas détacher les gâteaux. On peut secouer la ruche avec ses bras sans donner contre terre. Lorsque la ruche orpheline est à hausses, si la population est encore passable, au lieu d'en chasser les abeilles, comme nous venons de le voir, j'aimerais mieux la réunir à une autre ruchée faible; dans ce cas, la réunion se fait le soir, après la rentrée des abeilles; on enfume les deux ruchées jusqu'à bruissement; on porte ensuite l'orpheline sur la ruchée faible dont on a débouché le trou du couvercle; on calfeutre soigneusement, afin que les abeilles du haut ne puissent sortir qu'en traversant la ruche inférieure (1). La réunion se fera d'autant mieux que les deux familles se mettront plus tôt en communication; il faut donc qu'elles soient rapprochées le plus possible, et pour cela, s'il en est besoin, on placera sur

(1) Si la colonie avait du couvain de bourdons produit par une mère bourdonneuse, et logé par conséquent dans de petites cellules, il serait plus sage de secouer les abeilles à terre. On n'aurait pas à craindre, dans le combat des deux mères, la mort de celle qui est fécondée.

le couvercle de la ruche inférieure un petit gâteau qui devra toucher ceux de la ruche supérieure, et qui servira d'échelle pour communiquer de l'une à l'autre.

Les choses resteront dans cet état jusqu'au moment de la récolte du miel ; cependant si les abeilles, trop peu nombreuses pour occuper les deux ruches, en abandonnaient une, il faudrait enlever celle-ci, parce qu'elle finirait par devenir la proie de la fausse-teigne.

73. Les abeilles sont coutumières. — Les mouches d'un essaim naturel ne reviennent pas à la souche. C'est le seul cas où les abeilles ne soient pas coutumières.

Les abeilles d'un essaim artificiel reviennent, en grande partie, à la souche ; il faudrait, pour qu'elles n'y revinssent plus, les dépayser, en les éloignant à une distance de deux ou trois kilomètres de la souche.

Si vous mettez un essaim naturel ou artificiel à la place de la souche, une bonne partie de la population de la souche retournera à l'essaim, et cela par habitude.

Une jeune abeille, dans ses premières excursions, se retourne avant de prendre son vol ; elle s'oriente, elle se met en mesure de retrouver la famille, celle-là reviendra à la souche ; mais une autre qui a l'habitude de la campagne, ne soupçonnant pas le changement qui a eu lieu, sort comme à l'ordinaire, et retourne à son ancienne place par les chemins qui lui sont connus.

Des abeilles, après avoir adopté une mère étrangère et être restées prisonnières pendant vingt ou trente jours, reviennent encore, en partie, à la souche ; l'accueil qu'elles y reçoivent n'est pourtant pas encourageant, car on les tue.

Quand on change le plateau d'une ruchée et qu'on lui en donne un autre de physionomie différente, les abeilles s'en aperçoivent, elles en sont contrariées ; dans cette circonstance, je les ai vues plusieurs fois se jeter dans la ruchée de droite ou de gauche, et cela, parce que le plateau de la voisine ressemblait à celui qu'on leur avait enlevé.

74. **Ne pas changer les ruchées de place.** — Que les ruches soient sous un apier couvert, ou en plein air avec des surtouts, on ne doit pas les déplacer, pendant toute la belle saison ; si on le fait, les abeilles accoutumées à leur place, y reviennent et sont désorientées, quand elles n'y trouvent plus leur ruche ; elles se jettent dans les voisines plutôt que d'aller à la recherche du nouveau domicile de la famille. Si, pour de bonnes raisons, on se trouve obligé de changer les ruches de place, on le peut depuis novembre jusqu'en mars, même à cette époque, il y a encore des inconvénients, mais bien moindres qu'en été (1). Je ne parle pas du cas où l'on transporterait des colonies à une distance considérable, à deux kilomètres, par exemple. Il n'est pas question non plus des essaims naturels : on peut les placer où l'on veut, le jour même de leur sortie, et avant que les abeilles aient pris l'habitude de la place qu'ils occupent.

75. **Portes des ruches plus ou moins avantageuses.** — C'est par la porte d'entrée que les abeilles respirent, et que l'air se renouvelle ; si donc les gâteaux de la ruche se trouvent en travers, et barrent en quelque sorte le passage de l'air, les abeilles en souffriront : en hiver la mortalité sera plus grande, et en été le couvain prospèrera moins bien. Il est à remarquer que le couvain et le gros des abeilles se trouvent plutôt en avant que par derrière ou de côté. Vous

(1) Le 15 décembre 1859, j'ai déplacé dix ruches pour les établir à 30 mètres plus loin. La température ayant été très-douce depuis le 25 décembre 1859 jusqu'au 2 janvier 1860, les abeilles en ont profité quatre fois pour prendre l'air ; j'en ai vu beaucoup revenir à leur ancienne place. Probablement qu'elles ont été saisies par le froid, avant qu'elles eussent pu rejoindre la famille.

vous étonnez quelquefois que certaines de vos colonies,
quoique bien peuplées, n'essaiment jamais ou bien rarement;
cela tient souvent à la direction des gâteaux relativement à
la porte d'entrée.

Comparez ces gâteaux avec ceux de vos ruchées qui essaiment souvent, et vous verrez que dans ces dernières, les
gâteaux, au lieu d'être placés en travers de la porte, vont,
au contraire, d'avant en arrière. Avec cette disposition, l'air
rencontre moins d'obstacle pour pénétrer dans l'intérieur,
puisque chaque galerie vient aboutir sur le devant. Si la
porte est entaillée dans le plateau, il sera facile de placer la
ruche de manière que les gâteaux aient la position indiquée ;
pour cela, il suffira de faire faire un quart de tour à la ruche.
Mais si l'entrée est pratiquée dans la ruche, il faut en faire
une autre dans la direction des gâteaux et boucher l'ancienne.

76. Printemps précoces. — Je crains autant les printemps
précoces que certains apiculteurs les désirent. Je redoute
par dessus tout que les abeilles amassent beaucoup de pollen en mars, car les abeilles amassant beaucoup de pollen
sont portées à élever beaucoup d'ouvrières et de bourdons.
Mais comme à cette époque la récolte du miel est loin d'être
aussi abondante, les provisions s'épuisent, et si avril est
froid ou pluvieux, elles viennent quelquefois à manquer
totalement. Alors les mêmes abeilles sont réduites à tuer ce
couvain et même à en faire leur pâture. En effet, on les voit
sucer entièrement l'abdomen des jeunes nymphes.

77. Emigration des abeilles en avril. — Sur la fin d'avril
et quelquefois en mai, il peut arriver que les mouches, par
un beau soleil, abandonnent leur ruche toutes ensemble, et
se jettent dans une autre ruche, ou bien qu'elles se réunissent sur une branche d'arbre. Cet accident n'a lieu que pour
les ruchées dépourvues de provisions ; c'est la nécessité

qui force ces pauvres abeilles à émigrer. Quand elles se fixent contre un arbre et qu'elles sont encore en grand nombre, on les recueille en les faisant rentrer dans la ruche qu'elles ont abandonnée, et on les nourrit le soir même. Le plus sûr, si elles sont peu nombreuses, c'est de les recueillir dans une ruche vide, et de les réunir à une autre ruchée. Consultez à cet égard l'art. 111 qui traite de la réunion des essaims.

78. Traînée d'abeilles en avant d'une ruchée. — Vous voyez en avant d'une ruchée une longue traînée d'abeilles à moitié engourdies ; ce n'est pas le froid qui les a réduites à cet état, c'est la faim. En soulevant la ruche, vous voyez le plateau couvert d'autres pauvres créatures qui se meurent aussi ; hâtez-vous de venir en aide à toutes ces victimes de la faim, et à celles du dehors et à celles du dedans ; renversez la ruche, versez y toutes les abeilles tombées à terre et sur le plateau, enveloppez-la d'une serviette, et sur la serviette étendez une vingtaine de cuillerées de miel ; c'est assez pour le moment. Quand tout le miel est sucé, replacez la ruche dans sa position ordinaire, enlevez la serviette, vous n'aurez plus qu'à traiter la colonie de la même façon que les colonies en nourrissement. Voir les nos 61 et 64.

79. Abeilles tombées à terre, transies de froid. — En avril et mai, vers le coucher du soleil, il n'est pas rare de voir en avant d'un apier mal abrité, des abeilles tombées à terre et transies de froid : ce sont des pourvoyeuses fatiguées qui, ayant voulu se reposer avant de rentrer chez elles, ont été transies par le froid et n'ont pu se relever. Il y a moyen de raviver et de rendre à la famille et au travail ces pauvres petites ; recueillez-les dans un verre, renversez ce verre sur une forte ruchée au sommet de laquelle vous avez pratiqué une ouverture (si elle n'existe déjà) ; en moins de 15 ou 20 minutes, les abeilles, tombées dans l'intérieur de la ruche, s'y réchauffent, se hâtent d'en sortir en fugitives et retournent chacune à sa famille.

· 80. **Faut-il fournir de l'eau aux abeilles ?** — J'ai donné de l'eau aux abeilles en observant toutes les prescriptions que j'avais lues dans les livres. Les mouches, comme pour me plaire, allaient s'y abreuver dans les journées pluvieuses, et lorsqu'elles pouvaient trouver de l'eau sur toutes les feuilles ; mais, par le beau temps, elles oubliaient complétement de le faire.

81. **Récolte de miel au printemps.** — Récolter le miel au printemps, comme on le fait en certains pays, est un usage plus sûr pour les apiculteurs inexpérimentés. Mais le miel qui passe l'hiver dans la ruche sera toujours inférieur au miel que l'on récolte soit en juillet, soit en septembre.

82. **Soins à donner avant l'essaimage.** — Trois semaines avant l'époque présumée de l'essaimage, c'est-à-dire du 1ᵉʳ au 10 mai, on doit prendre un soin tout particulier de son apier. C'est le moment de faire ses dispositions, soit pour renouveler les vieilles ruchées , soit pour empêcher l'essaimage des unes, soit enfin pour préparer les autres à fournir des essaims naturels ou artificiels. Notre conduite se conformera aux résultats que nous voudrons obtenir.

83. **Empêcher l'essaimage.**—Il n'y a que les colonies très-peuplées au printemps, qui puissent essaimer avantageusement ; pour toutes les autres, on se contentera d'en espérer du miel, et de diriger tous ses soins vers ce but. On peut hardiment estimer à moitié, le nombre de ces ruchées qu'on doit destiner à fournir du miel, et empêcher d'essaimer (1). En général, on empêche les essaims en agrandissant à temps

(1) Pour les montagnes des Vosges et pour les contrées où le transport à la bruyère et au sarrasin se pratique, l'essaimage des ruchées de second ordre est plus souvent avantageux que nuisible. Il ne faut donc pas l'empêcher.

l'habitation des abeilles ; le moyen n'est pas infaillible, mais il réussira au moins quatre fois sur cinq. Trois semaines avant l'époque présumée des essaims, on ajoutera une hausse sous toutes les ruchées fortes qui ne sont composées que de deux hausses, et qu'on destine à donner du miel. La hausse se remplit quelquefois dans l'espace de huit à dix jours. Quand elle est pleine de gâteaux aux trois quarts, on met un chapeau sur la ruche, sans oublier le petit bâton dont il sera parlé (87), pour inviter les abeilles à monter. Voilà donc notre ruche composée de trois hausses et d'un chapeau. Les hausses suffiront pour loger le couvain et les provisions d'hiver, le chapeau servira de magasin pour l'excédant ; on y trouvera, en juillet, un miel magnifique et pouvant orner la table d'un prince. Si on ne donnait la hausse ou le chapeau que lorsque déjà la disposition intérieure est faite pour l'essaimage, on n'empêcherait rien ; cette disposition préparatoire, qui précède de huit à dix jours la sortie de l'essaim, c'est la ponte de la mère dans les cellules maternelles. Ainsi, prenez vos précautions et donnez à temps de l'espace à vos ruchées.

Voilà pour les ruches à deux hausses seulement ; quant à celles qui en auraient déjà trois, on se contenterait de mettre tout simplement un chapeau par-dessus. Ce serait un enfantillage que d'ajouter des hausses à des ruchées médiocrement peuplées ; celles-là certainement n'essaimeront pas. Si, plus tard, leur population et leur poids augmentent sensiblement, on·ajoutera une hausse à celles qui n'en ont que deux, et on donnera un chapeau ou calotte à celles qui en ont trois.

Observation. On suivra la même règle pour les ruches communes ; on donnera des hausses à toutes celles qui seront destinées à fournir du miel.

Aucune séparation ne doit exister entre la hausse et la ru-

che ; il faut que les abeilles puissent prolonger sans inter-
ruption leurs gâteaux dans la hausse. En négligeant cette
condition, on empêcherait rarement l'essaimage.

84. **Retarder l'essaimage.** — Les petites ruches ne donnent ordinairement que de petits essaims. Un autre inconvénient, c'est qu'elles essaiment plus tôt que les autres, et
avant d'avoir amassé la moitié de leurs provisions. En les
laissant essaimer, on s'expose beaucoup à perdre la souche
et l'essaim. Voilà des faits incontestables. Il faut donc augmenter la capacité des petites ruches, afin d'en obtenir
des essaims convenables. Ainsi, on ajoutera une hausse à
toutes les ruches qui n'en ont que deux. Je vais plus loin :
comme dans les années pluvieuses, les abeilles amassent
peu de miel et sont très-disposées à donner des essaims, on
fera bien de retarder l'essaimage, de l'empêcher même s'il
est possible, en plaçant une quatrième hausse sous toutes
les ruches composées de trois. Il serait à désirer, que, avant
d'essaimer, une ruche eût au moins six ou sept kilogrammes
de miel en magasin.

Ce que je dis des petites ruches à hausses s'applique
aussi aux petites ruches communes ; il faut donner à celles-
ci une hausse, pour les mettre en état de fournir un essaim
qui ait chance de réussite. Une ruche petite est celle dont
la capacité ne dépasse pas vingt litres.

Les abeilles, dans les montagnes des Vosges, donnent
moins d'essaims, mais beaucoup plus de miel que dans la
plaine. Les petites ruches et leurs essaims, année commune,
y amassent leurs provisions d'hiver. Ce serait donc une faute
de retarder l'essaimage, car il arrive parfois que, ne voulant
que le retarder, on l'empêche tout à fait.

85. **Une orpheline de quelques jours accepte des ouvrières étrangères.** — Une colonie qui a perdu sa mère depuis quelques jours seulement, telle qu'une souche d'essaim

naturel ou forcé, reçoit sans difficulté des ouvrières étrangères. Ainsi, la souche d'un essaim, mise à la place d'une ruchée forte, accepte, le jour même et les jours suivants, les ouvrières de la ruchée forte qui reviennent de la campagne (73). L'accord a lieu sans fumée et sans tuerie.

Les nouvelles venues respectent toujours les cellules maternelles qui sont operculées ; quelquefois elles détruisent celles qui ne le sont pas ; enfin, si les nouvelles venues viennent d'une ruchée qui chassait ses bourdons, elles les chasseront aussi dans la souche, mais elles sentiront bientôt qu'elles en ont besoin pour féconder les mères au berceau et alors elles ne les inquièteront plus.

86. **Rajeunir une ruchée à vieille bâtisse.** — Une colonie, dont les édifices datent de cinq à six ans, ne prospère plus. On nous opposera plusieurs exemples de vieilles ruchées qui essaiment et donnent du miel ; ce sont des exceptions dont on ne doit pas tenir compte. Il faut donc chercher un moyen de renouveler les vieilles constructions. La ruche à hausse se prête admirablement à cette rénovation, mais les ruches communes et à calotte présentent des difficultés serieuses. Nous allons exposer la pratique de plusieurs apiculteurs distingués qui font usage de ces dernières ruches.

1° Quand nous avons plus de colonies que nous ne voulons en conserver, notre conduite est toute tracée : nous supprimons autant de vieilles ruchées que nous avons d'essaims pour les remplacer, mais, au lieu de tuer sottement et brutalement les abeilles avec leur couvain, nous opérons une réunion qui sauvegarde tous les intérêts. L'article 161 nous donne les moyens d'y arriver.

2° Si nous voulons augmenter le nombre de nos ruchées, il faut rajeunir les vieilles, et pour cela il se présente trois moyens qui réussiront dans les bonnes années. Le premier moyen consiste à couper au printemps tous les rayons à 10 ou 12 centimètres de profondeur. C'est ce que nous avons conseillé dans l'article 50. Les abeilles, après avoir reconstruit la portion enlevée, placeront une grande partie de leur couvain dans la cire nouvelle. C'est là le point essentiel, car la vieille cire est nuisible surtout au couvain. Ce moyen n'est qu'une demi mesure, mais il a l'avantage de ne rien hasarder et de ne pas effrayer les gens peureux.

Le second moyen est plus énergique ; il est employé avec succès par des apiculteurs habiles qui ont la ressource de la bruyère et du sarrasin : avant la floraison de ces deux plantes, ils pratiquent une taille sur toutes leurs vieilles colonies. Ils enlèvent complétement tous les rayons d'une moitié de la ruche, et, l'année suivante, ils retranchent ceux de l'autre moitié, en sorte que les édifices se trouvent entièrement renouvelés. On nous dira qu'avec ce mode, on sacrifie du couvain, mais cette perte est peu regrettable, vu l'avantage qu'on a de renouveler ce qui est vieux.

Le troisième moyen, quoique radical, ménage tous les intérêts : il consiste à transvaser les abeilles dans une ruche vide, et à placer la souche sous une autre colonie, pour sauver le couvain. La vieille ruche renversée sens dessus dessous sera placée absolument comme il est dit dans l'art. 161 ; et au moment de récolter le miel, on la supprimera. Le panier qui contient les abeilles prendra la place de la souche. Le transvasement se fera selon la méthode et avec les précautions indiquées dans l'art. 136.

Le troisième moyen, peu hasardeux pour les contrées favorables aux abeilles, l'est beaucoup pour celles qui leur offrent peu de ressources. Cependant, tout bien considéré, on ne perd rien en aucun cas, car si l'essaim ne réussit pas, on a le peu de miel qu'il a amassé, ainsi que celui de la souche.

Le transvasement peut être retardé jusqu'à la fleur de la

bruyère et du sarrasin, mais quand on n'a pas cette ressource, il faut le faire au moment de l'essaimage.

Le premier moyen est praticable pour toutes les vieilles
colonies, quelle que soit leur population, mais le second et
le troisième n'ont de chances de succès que sur des colonies bien peuplées. Il faut que la totalité des abeilles puisse
présenter le volume d'un essaim ordinaire.

Il y a encore un quatrième moyen de rajeunir les vieux
gâteaux. Pour cela, il faut que la ruchée essaime, ce qui est
assez rare. Vingt jours après son essaimage, on enlève
quatre ou cinq rayons du centre ; on y trouve peu de miel,
et tout le couvain est éclos. Les années suivantes on enlèvera les rayons des côtés.

87. **Rajeunir les ruchées à hausses.** — Avec la méthode
suivante, on renouvellera une vieille ruchée dans le courant
d'une campagne, pourvu qu'elle soit bien peuplée et que
l'année soit passablement bonne. On a dû retrancher, en
mars, la troisième hausse à toutes les ruchées qu'on avait
l'intention de renouveler (58) ; nous n'avons donc plus affaire
qu'à des ruches composées de deux hausses seulement ;
nous sommes au commencement de mai, au moment de la
plus grande activité des abeilles. Nous voici à l'œuvre : On
débouche l'ouverture du couvercle de la ruchée à rajeunir,
et on place un chapeau par dessus (204) ; par le couvercle
de celui-ci, on fait passer un petit bâton de la grosseur d'un
doigt, long de douze centimètres, qui descend verticalement sur le couvercle de la ruche, et qui est maintenu à son
sommet dans le trou du chapeau. L'opération est terminée.
Le petit bâton sera, pour les abeilles, une échelle dont elles
profiteront bientôt, pour aller s'établir de la ruche dans le
chapeau et y travailler ; sans cette précaution elles n'y monteraient que plus tard, souvent même elles essaimeraient
avant d'y avoir bâti, et alors le but serait manqué. Dès que

le chapeau sera rempli de gâteaux, on placera une hausse par-dessous, et alors il deviendra une véritable ruche. Lorsqu'on ajoute la hausse au chapeau, il y a déjà du couvain dans celui-ci, du moins c'est le cas le plus ordinaire ; la mère, sans abandonner l'ancienne ruche, continue à pondre dans la nouvelle. D'un autre côté, tout le nouveau miel que les ouvrières récolteront, sera emmagasiné dans la ruche supérieure, laquelle deviendra en tout semblable à un essaim de l'année (1). Quand les choses en seront arrivées là, c'est-à-dire lorsque la ruche supérieure sera pleine, il sera important de lui ménager un passage extérieur, et pour cela, il suffit de la soulever un peu par le devant au moyen de deux petites cales et de calfeutrer où besoin sera. Avec cette ouverture qui lui donnera de l'air, la mère se décidera plus volontiers à abandonner l'ancienne ruche ; elle sera suivie par la masse des abeilles qui se groupe toujours là où se trouve la mère. Les ruches resteront dans cet état jusqu'au printemps ; ce sera alors le moment d'enlever l'ancienne ruche qui n'aura que peu de miel, peut-être point du tout, car, à moins que le froid ne s'y oppose, les abeilles vivront du miel de la ruche inférieure, avant de toucher à celui de la ruche supérieure.

Les choses ne se passeront pas toujours comme nous venons de le dire ; dans les années mauvaises, la ruche supérieure ne se remplira pas, et dans les bonnes, elle ne suffira pas ; nous allons donner notre avis sur l'un et l'autre cas. Si la ruche supérieure n'est qu'à moitié pleine, on retranche la hausse en septembre, et on replace le chapeau sur la ruche inférieure : c'est une avance pour l'année suivante, et,

(1) Les abeilles emmagasinent de préférence leurs provisions dans la ruche supérieure, en sorte qu'à l'automne on est étonné de trouver cette dernière si lourde et l'autre si légère.

au mois de mai, on remet la hausse sous le chapeau. Mais la ruche supérieure est pleine aux trois quarts, elle contient quatre ou cinq kilogrammes de miel ; dans ce cas, on enlève en septembre, avec un fil de fer, le couvercle de l'ancienne ruche ; puis on remet la ruche supérieure par-dessus. Au mois de mars, il n'y aura plus de miel dans l'ancienne, et on pourra supprimer au moins la hausse du bas ; l'autre hausse s'il y avait du couvain, resterait encore et serait supprimée au printemps suivant. Lorsque l'année sera abondante en miel, la ruche supérieure ne suffira pas ; dès qu'elle pèsera treize ou quatorze kilogrammes, on lui donnera une troisième hausse ; il serait fort inutile de la lui donner, si la récolte tirait à sa fin.

Il est rare que les ruchées médiocrement peuplées puissent être renouvelées la première année ; en voici la raison : Le couvain y est peu abondant, surtout celui des faux-bourdons ; les abeilles n'éprouvent pas le besoin de s'étendre ; elles ont de quoi loger leurs provisions d'hiver, même dans une petite ruche à deux hausses ; et quand, enfin, elles se décideront à construire quelques gâteaux dans le chapeau, ce sera pour y emmagasiner un petit excédant de miel. On doit alors laisser sur la ruche le chapeau, quoique à demi rempli ; c'est une avance pour l'année suivante.

88. **Rendre forte une ruchée faible.** — Vous remarquez, dans le courant du mois de mai ou au commencement de juin, une ruchée faible de population et légère de miel ; à moins que l'année ne soit très-favorable vous prévoyez qu'elle ne pourra se refaire. Venez-lui en aide ; donnez-lui de la population et fournissez-lui ainsi le moyen d'amasser, en peu de temps, le miel qui lui manque. Vous y réussirez en opérant de la manière suivante : Choisissez une belle journée de travail, entre neuf heures et midi. Adressez-vous d'abord à une ruchée que vous savez très-forte et bien pesante ; mettez-la

en état de bruissement, ce qui est toujours facile quand les abeilles sont en pleine récolte. Venez ensuite à votre protégée, enfumez-la jusqu'à bourdonnement ; enlevez-la pour a poser à terre ; allez chercher la première ruchée, et placez-la sur le plateau de la seconde ; reprenez celle-ci et portez-la sur le plateau de l'autre ; vous terminez en soufflant quelques bouffées de fumée pour mettre les deux ruchées en état de bruissement (217). C'est, vous le voyez, une simple mutation, c'est la ruchée faible qui est mise à la place de la forte et réciproquement. Les plateaux restent, il n'y a que les paniers de changés.

L'histoire de nos deux ruchées va vous intéresser. Les mouches de la plus forte reviennent en masse de la campagne; elles entrent d'abord sans défiance dans celle qui lui a été substituée, parce qu'elles reconnaissent leur plateau et les abeilles qui y sont restées ; ce n'est que quand elles sont entrées qu'elles se trouvent dépaysées et qu'elles témoignent de l'inquiétude. Elles sortent, puis elles rentrent et finissent par s'acclimater; c'est l'affaire d'un jour. Du reste, il n'y a ni lutte ni combat. Le lendemain tout est tranquille. La ruchée faible reçoit de la forte une nombreuse population, et amasse en peu de temps ses provisions. La forte, au contraire, ayant perdu les trois quarts de ses ouvrières, n'amasse presque plus rien ; elle ne peut guère que suffire à la subsistance de son nombreux couvain ; mais vous admirerez avec quelle promptitude elle réparera sa perte. Un mois après, elle se trouvera aussi peuplée que les autres.

Ce sera toujours une ruchée très-forte et pourvue de ses provisions d'hiver que vous choisirez pour permuter avec la faible; et vous ne ferez cette opération que dans la saison des fleurs et du miel.

Avant de rien faire, visitez l'intérieur de la ruchée faible, et assurez-vous bien qu'elle a du couvain d'ouvrières (44) ;

c'est une condition essentielle de succès. Quand le couvain de cette espèce lui manque, c'est qu'elle n'a pas de mère. On ne peut que lui donner un essaim ou la réunir à une autre ruchée ; il n'y a pas de permutation possible. Si vous omettez ou négligez quelqu'une de toutes ces conditions, ne faites retomber que sur vous-même la responsabilité de vos œuvres.

En 1863, dans le courant du mois de mai, ayant deux ruchées d'abeilles jaunes médiocrement peuplées, je voulus les rendre fortes ; voici ce qui me réussit à souhait. Je fis deux essaims artificiels sur deux colonies d'abeilles communes ; une heure après, quand je fus bien certain que chaque essaim avait sa mère, je mis les essaims à la place des souches, celles-ci sous les ruchées alpines ; vingt jours après cette opération, les deux ruchées jaunes pouvaient être regardées comme les plus fortes de l'apier.

En 1864, le 16 mai, ayant fait quatre essaims artificiels, je les mis à la place des souches, et celles-ci par-dessous quatre colonies qui me paraissaient médiocrement peuplées ; vingt jours après, ces colonies étaient devenues visiblement les plus fortes ; je dois dire, cependant, que les quatre ruchées que j'appelle les moins peuplées n'étaient faibles, que relativement aux autres colonies de l'apier. Ce moyen de rendre forte une ruchée faible ne présente aucun danger de tuerie ; il suffit de lancer quelques bouffées de fumée dans les deux ruchées à réunir, avant d'opérer la réunion.

89. **Colonies plus actives que d'autres.** — C'est un fait bien constaté que certaines ruchées ont beaucoup plus d'activité que d'autres. Ainsi, au printemps, j'espère toujours plus d'un essaim de l'année précédente que d'une autre ruchée, quoique les populations soient égales de part et d'autre ; ainsi une ruchée, qui a donné un essaim dans la dernière campagne, réussira généralement mieux qu'une autre

qui n'a pas essaimé, quand même les populations seraient équivalentes.

Les colonies les plus fortes au printemps ne conservent pas toujours leur supériorité. On en voit qui déclinent et passent du premier au second rang, comme d'autres, du second s'élèvent au premier. Les abeilles sont d'autant plus actives que la mère est plus féconde ; le couvain réussit mieux dans une jeune cire que dans une vieille ; d'un autre côté, la mort de la mère fait toujours subir à la population un temps d'arrêt : c'est à l'une de ces trois causes que l'on doit attribuer la prospérité plus ou moins grande des colonies. Enfin, il y a des populations qui augmentent à vue d'œil et amassent un butin suprenant ; dans ce cas, on doit croire que les abeilles n'ont pas assez respecté le bien d'autrui, et qu'elles se sont enrichies par le pillage latent (169) au préjudice d'autres colonies.

90. Distance à établir entre chaque ruchée. — Dans les grandes chaleurs de l'été, il peut arriver que les abeilles d'une ruchée communiquent avec celles de la ruchée voisine. Ce mélange des deux populations donne lieu à des combats d'avant-poste ; de la défiance on passe quelquefois à l'intimité, au point que les deux peuples finissent par ne plus en faire qu'un seul : l'une des ruchées perd sa mère et sert ensuite à l'autre de magasin à miel. Pour prévenir ces accidents, il suffit de dresser une planchette entre les deux ruchées, ou bien, si la chose est possible, de mettre un intervalle de 10 centimètres entre les plateaux.

SAISON DES ESSAIMS.

91. Saison des essaims. — La saison des essaims dure environ six semaines ; elle commence à l'époque où la sève coule abondamment dans les plantes, c'est-à-dire en mai et en juin pour les climats tempérés ; elle varie aussi selon les années. On a lieu de croire qu'elle commencera de bonne heure, lorsque les différentes productions de la terre paraissent plus avancées qu'à l'ordinaire. Dans notre département de la Meurthe, les ruchées les plus fortes essaiment communément du 20 mai au 1er juin ; quelquefois l'essaimage ne durera que de dix à quinze jours. Une grande chaleur et une sécheresse soutenue en sont la cause.

La saison des essaims commence six ou sept semaines après l'apparition des premières fleurs. Nécessairement, cette règle doit participer de l'irrégularité des printemps. Si les abeilles amassent beaucoup de pollen dans la seconde moitié de mars, et que le mois d'avril soit beau, il y aura des essaims dans les premiers jours de mai. Si, au contraire, le printemps est tardif, et que les abeilles ne recueillent du pollen que dans le milieu d'avril, les essaims ne paraîtront que sur la fin de mai ou au commencement de juin.

Les ruchées très-fortes commencent à élever des bourdons, à partir du moment où elles peuvent se procurer du pollen. Les bourdons sont vingt-quatre jours pour éclore, et l'essaim ne sort au plus tôt que six ou huit jours après leur naissance.

92. Colonies qui essaiment les premières. — Un mois à l'avance, un observateur attentif distinguera facilement celles de ses ruchées qui donneront les premiers essaims ; il se trompera rarement dans ses prévisions. Il remarque deux ruchées très-fortes ; la porte suffit à peine pour livrer passage aux nombreuses ouvrières qui sortent et qui rentrent, l'une des deux est un essaim de l'année précédente ; voilà celle qui donnera le premier essaim. Voici deux autres paniers aussi très-forts ; mais l'un est d'une capacité plus faible que l'autre ; ce sera le panier à moindre volume qui essaimera le premier. Enfin, de deux ruches de volumes égaux et de populations équivalentes, la plus lourde donnera son essaim la première. Ainsi, une ruche se trouvera dans les meilleures conditions possibles pour l'essaimage, quand cette ruche sera un essaim de l'année précédente, d'une capacité ordinaire, et qu'elle réunira à une bonne provision de miel une nombreuse population.

93. Indices d'un prochain essaimage. — On regarde généralement comme un indice de la sortie prochaine des essaims, l'apparition des bourdons. Ils commencent à paraître dans les premiers jours de mai, quelquefois en avril (1). Ce sont toujours les ruchées les plus fortes qui fournissent les premiers ; jamais une ruchée n'essaime qu'elle n'ait montré ses bourdons six ou huit jours à l'avance. Entre midi et trois heures, par un beau soleil de mai, vous pouvez les voir sortir tout joyeux, pour se donner le plaisir d'une promenade aérienne. Cependant, cette apparition des bourdons n'est pas toujours une preuve que la ruche essaimera.

Les bourdons sont aux essaims ce que les fleurs sont aux fruits : il n'y a pas de fruits sans fleurs, mais les fleurs ne donnent pas toujours des fruits ; de même il n'y a pas d'essaims sans bourdons, mais trop souvent il y a des bourdons sans essaims.

Un autre indice de la sortie prochaine d'un essaim, c'est

(1) L'apparition des bourdons en avril suppose une belle récolte de pollen, dans la seconde quinzaine de mars, ce qui est rare dans nos contrées.

6

quand le trop plein force une partie des abeilles à se tenir en dehors de la ruche. Le logement ne suffit plus à la famille qui déborde de toute part. L'essaim ne se fera pas attendre longtemps. Cependant, il peut arriver que de grandes chaleurs, devançant l'apparition des bourdons, obligent les abeilles à se tenir ainsi groupées à l'extérieur ; dans ce cas, elles lasseront votre patience, en n'essaimant que de dix à quinze jours plus tard. Il manque quelque chose à la famille ; elle attend qu'elle soit pourvue de bourdons adultes et de mère au berceau. D'autres fois, les ruchées essaimeront sans que rien n'indique un excès de population ; les abeilles ne débordent pas, le logement suffit à toutes, et, cependant, vous avez des essaims ; c'est que les nuits précédentes ayant été fraîches et les journées d'une température modérée, les ouvrières se sont resserrées davantage dans l'intérieur et ont dissimulé leur nombre. Règle générale, les apparences d'une population excessive donnent des espérances prochaines pour les ruchées peu âgées, et seulement des espérances éloignéesp our celles à vieux gâteaux.

Après le coucher du soleil, comparez le bruissement que font entendre vos ruchées ; dans les faibles ou celles qui ne sont pas remplies de gâteaux, il est presque nul ; dans les fortes, le bruissement est sourd, grave, fortement soutenu ; dans les très-fortes, il devient aigu, plus éclatant ; espérez un essaim de ces dernières ruchées dans quelques jours. Voulez-vous encore un autre signe : voyez et considérez ces nombreuses abeilles venir de l'intérieur, s'avancer en toute hâte sur le plateau, comme pour apporter un message, puis s'en retourner et rentrer avec le même empressement, espérez un essaim dans quatre ou cinq jours.

Une ruchée très-forte semble rester dans l'inaction ; les ouvrières qui vont à la campagne et celles qui en reviennent ne sont pas aussi nombreuses que de coutume ; l'activité

n'est plus en rapport avec la population ; les mouches paraissent être dans l'attente d'un grand événement. Oui, le
grand événement se prépare pour le jour même ou pour le
lendemain.

La sortie de quelques bourdons avant l'heure accoutumée
présage encore le départ de l'essaim pour le jour même.

94. **Nul indice d'essaimage n'est certain.** — Tous les
signes dont nous venons de parler ne donnent que des espérances ; ils précèdent presque toujours le départ des essaims, mais les essaims n'en sont pas la suite nécessaire. La
pluie, le vent, une grande sécheresse, l'une de ces trois
causes peut, d'un jour à l'autre, retarder l'essaimage et
même y mettre un terme d'une manière absolue.

Il peut arriver que des ruchées très-fortes n'essaiment pas
et que d'autres de second ordre le fassent. L'explication de
ce double fait est facile : au moment où la ruchée forte est
prête à donner son essaim, il survient des mauvais temps
continus qui déterminent la mère ou les ouvrières à tuer les
nymphes maternelles, tandis que le beau temps revient pour
le moment où la ruche de second ordre est disposée à l'essaimage. Voir l'art. 129.

95. **Départ, mise en ruche de l'essaim.** — C'est ordinairement de dix heures du matin à une heure de l'après-midi,
que les essaims prennent leur essor. Les abeilles, comme un
torrent impétueux, se précipitent hors de la ruche ; celles
de l'intérieur et celles qui sont groupées à l'extérieur, toutes
partent pour de nouvelles destinées. Les voilà dans les airs ;
c'est une nuée qui se meut et se croise en tous sens. Après
quelques minutes de ce vol incertain, le peuple émigrant se
dirige vers un arbre qu'il trouve à sa portée ; il s'attache au
tronc ou à une branche, formant une masse tantôt arrondie,
tantôt allongée, tantôt hémisphérique, selon l'emplacement
qu'il a choisi. La ruche qui doit le recevoir est préparée ;

elle est propre ; on a frotté l'intérieur avec des feuilles de fèves de marais, ou avec du thym, ou bien on y a passé un linge humecté d'eau salée. Dès qu'on ne voit plus que quelques centaines de mouches voler autour du groupe, il est temps de le recueillir. Après avoir mis un masque, tenez d'une main la ruche renversée sous l'essaim ; de l'autre main, saisissez la branche et secouez vivement ; l'essaim s'en détache et tombe dans la ruche ; un plateau est là tout près pour recevoir cette ruche, et vous avez soin de la soulever d'un côté au moyen d'une petite cale. Alors les abeilles, qui étaient tombées en masse au fond de la ruche, retombent sur le plateau ; les unes s'échappent et s'envolent, les autres sortent vivement, et s'avancent en bataillon serré, prêtes à prendre de nouveau leur essor, puis s'arrêtent tout à coup dans leur marche, se retournent et se mettent à faire le bruissement toutes en chœur ; c'est le signal du rappel. Toute la troupe l'entend, et s'empresse de rejoindre la mère. Alors on enfume les abeilles qui sont restées à la branche ; on enfume aussi, mais modérément, celles qui, posées sur le plateau ou sur la ruche, tardent d'entrer. Un quart-d'heure ou une demi-heure après, tout est rentré ; quelques abeilles seulement voltigent autour de la ruche ; il ne faut pas vous en inquiéter. Portez l'essaim à la place qui lui est destinée et qui doit être à quelque distance de la souche. Si vous attendiez jusqu'au soir, vous vous exposeriez à voir un second essaim venir se mêler avec le premier dans la même ruche.

Une autre inconvénient, c'est que beaucoup d'ouvrières reviendraient les jours suivants voltiger autour de l'arbre qui leur a servi de station.

Pour réussir dans la mise en ruche de l'essaim, il est bon, mais il n'est pas absolument nécessaire, que la mère se trouve d'abord dans la ruche ; quand elle ne s'y trouve pas, les abeilles du dedans font entendre pendant quelque temps un bruissement qui appelle aussi bien la mère que le reste de la troupe. L'essentiel consiste à enfumer la place où l'on peut supposer que la mère se trouve. Souvent je l'ai vue aller rejoindre sa famille. On doit toujours approcher la ruche le plus près possible de l'endroit où l'essaim s'est fixé.

96. **Essaim difficile à recueillir.** — Quand les abeilles, au lieu de s'attacher à une branche qu'on peut secouer, se placent contre un mur, un gros tronc d'arbre, ou dans une fourche formée par les branches, on présente la ruche de son mieux ; on passe un petit balai sur les abeilles pour les détacher et les faire tomber. Le reste se fait comme on a dit dans l'article précédent. On voit encore des essaims se poser à terre, ce qui annonce la lassitude de la mère, et donne à peu près la certitude qu'elle ne reprendra pas son essor. La mise en ruche de ces essaims n'offre aucune difficulté ; on pose doucement la ruche par-dessus ; on la tient soulevée d'un côté ; on enfume modérément dans l'intérieur afin d'y provoquer le bruissement ; on enfume ensuite les abeilles du dehors ; bientôt tout l'essaim monte dans la ruche.

Pour recueillir un essaim suspendu à une branche très-élevée, il faut avoir un sac de grosse toile, haut d'environ un mètre, taillé en rond par le bas et attaché autour d'un cerceau ; on fait, à vingt-cinq centimètres du haut, une espèce d'ourlet dans lequel on passe un cordon assez long pour le tenir dans la main, lorsque le sac est élevé. Quand il s'agit de s'en servir, deux personnes le présentent sous la branche au moyen de deux perches ; elles secouent les abeilles par un mouvement de bas en haut et ferment ensuite le sac en tirant le cordon ; elles versent aussitôt l'essaim dans la ruche qui lui est destinée ; enfin, on enfume la branche, s'il est possible, pour en chasser le reste des abeilles. Au lieu d'un sac, on pourrait encore, au moyen d'une fourche, élever la ruche, y secouer les abeilles, et vite la retourner sur le plateau.

6.

97. Rentrée des essaims . — Quelquefois, l'essaim rentre dans la ruche d'où il est sorti ; il se balance quelque temps dans l'air, et puis, sans se reposer, il revient en masse serrée. Si la mère est rentrée avec la famille, une seconde émigration aura lieu le lendemain ou au premier beau jour. On peut supposer qu'il en est ainsi, quand, au moment du départ, il fait du vent, que le soleil se couvre, ou qu'il tombe quelques gouttes de pluie. Mais si c'est une journée chaude, avec un beau soleil sans vent, il est à présumer, au contraire, que la mère n'est pas rentrée et qu'elle est tombée à terre. Dans ce dernier cas, l'essaim ne ressortira plus que le huitième ou neuvième jour (118) ; il doit attendre la naissance des jeunes mères.

D'autres fois, au lieu de rentrer paisiblement, la colonie se jette dans une ruche voisine, et là une bataille furieuse s'engage entre les deux peuples. La mère s'est introduite dans la ruche par erreur, les abeilles l'ont suivie ; de là cette confusion, cette guerre à mort ; aussitôt qu'on s'aperçoit de la méprise, s'il en est temps encore, on enlève pour quelques minutes la ruche assaillie, et on y substitue celle d'où sort l'essaim ; quand tout est rentré, on remet chaque chose à sa place. Si la mère s'est réellement introduite dans le panier étranger, en le visitant vous verrez sur le plateau un peloton immobile d'abeilles gros comme une noix, la mère en forme le noyau, elle est pressée par les ennemis qui l'entourent et qui finissent par l'étouffer, si on ne vient pas vite à son secours ; les abeilles sont tellement acharnées contre la pauvre captive que la fumée est seule capable de leur faire lâcher prise.

Lorsque la mère tombe à terre ou s'égare, il est à remarquer que l'essaim ne se décide pas aisément à rentrer ; il cherche sa mère, il se répand dans toutes les directions ; on voit qu'il lui manque quelque chose. Un observateur attentif, soupçonnant l'accident, s'attend bien à voir rentrer l'essaim dans quelques minutes ; s'il cherche avec soin, il finit très-souvent par découvrir la mère tombée en avant de la ruche, surtout lorsqu'il y a des herbes, des plantes qui contrarient le vol des abeilles.

98. **Essaim forcé après la rentrée d'un essaim naturel.** — Lorsqu'un essaim naturel est rentré, on peut faire, le jour même ou le lendemain, un essaim artificiel sur une colonie forte ; on met alors l'essaim artificiel à la place de sa propre souche, celle-ci à la place de la souche de l'essaim rentré, et cette dernière à une place vacante de l'apier.

99. **L'abeille mère tombée et rendue à l'essaim.** — Voici un exemple choisi entre dix autres. Un essaim sort, le voilà dans l'espace, bientôt il se montre inquiet ; je cherche en avant de la ruche, j'y trouve la mère ; mais la pauvrette, elle n'a plus que l'aile gauche, encore cette aile unique est-elle échancrée. Que faire de cette royauté mutilée et sans sujets? Je m'avise de la ramasser dans le creux de ma main, et de la réunir à un peloton gros comme le poing, qui essayait de se rassembler à une branche d'arbre. Dans moins de dix minutes, les abeilles, qui commençaient déjà à battre en retraite, se sont toutes groupées autour du peloton. L'année suivante cet essaim, avec sa mère mutilée, a donné à son tour un autre essaim ; j'en épiais la sortie depuis huit jours; enfin il sort, je cours en avant de la ruche et je trouve encore, comme je m'y attendais, la mère tombée, mais dans un état pitoyable. L'année précédente, il lui restait encore l'aile gauche ; cette fois, il n'y avait pas même trace d'aile ; je la recueille encore, et ne voyant aucun peloton d'abeilles auquel je puisse la réunir, je pense à un autre moyen qui déjà m'avait réussi plusieurs fois. Je renferme la mère sous verre, j'enlève la ruche qui vient d'essaimer, et la remplace par celle destinée à l'essaim, et au moment où celui-ci se dispose à

rentrer, je rends à la mère sa liberté, en la faisant entrer dans la ruche vide. Les choses se sont encore passées comme je l'espérais ; l'essaim s'est rassemblé autour de sa mère, et un quart d'heure après, la souche se retrouvait à sa place et l'essaim à celle qui lui était destinée. Quand on enlève la souche pour mettre à sa place la ruche vide, il faut laisser le plateau avec les abeilles qui s'y trouvent ; la mère est tout de suite en pays de connaissance, et l'essaim entre sans défiance, pensant rentrer dans sa ruche.

100. **Départ simultané de deux essaims.** — Dans un apier composé de nombreuses colonies, deux essaims peuvent sortir en même temps, se réunir et ne plus former qu'un seul groupe ; je ne conseillerai jamais de les séparer, je connais trop les avantages des essaims forts sur les faibles. Cependant, voici un moyen de les diviser qui réussira souvent.

On recueille ce double essaim de la même façon que les autres, et on ajoute une hausse si la ruche ne suffit pas. Vers le coucher du soleil (1), près de l'apier, sur un sol uni, on secoue légèrement l'essaim contre terre, de manière à ne faire tomber qu'une partie de la population, un quart par exemple. On secoue une autre partie à un mètre plus loin, un troisième quart à égale distance, le reste est conservé dans la ruche ; chaque portion est à l'instant recouverte d'une ruche vide. On tourne avec de la fumée tout autour de chaque groupe d'abeilles pour les forcer à monter dans leur ruche respective ; c'est l'affaire d'un quart d'heure pour bien isoler les groupes. Au bout d'une demi-heure, peut-être plus tôt, on saura si les mères sont dans des ruches

_____

(1) Il n'y a pas d'inconvénient d'attendre jusqu'au soir pour opérer la division des essaims, parce que les mères surnuméraires ne sont ordinairement tuées que pendant la nuit.

différentes. Les groupes qui auront une mère seront tranquilles et paisibles ; les autres commenceront à se troubler, à s'agiter ; il suffira alors de rapprocher de chaque ruche à mère une de celles qui n'en ont pas. La réunion des abeilles orphelines avec celles qui ont une mère s'opérera plus vite, si on envoie à ces dernières quelques bouffées de fumée, pour provoquer le bruissement comme signal de rappel. C'est intéressant de voir comme les pauvres orphelines s'empressent de rejoindre leur mère. En divisant l'essaim en six portions, les chances de séparer les mères seront plus grandes.

Lorsque deux essaims sont rassemblés dans une même ruche, il est possible que les deux mères périssent en même temps. L'explication de ce fait est facile : chaque mère, isolée de sa propre famille, s'est trouvée au milieu des abeilles de l'autre famille, qui l'ont enveloppée et pressée de toutes parts. Quand cet accident a lieu, les abeilles retournent à leurs ruches respectives, et l'on trouve sur le plateau de l'essaim une des mères, retenue dans une prison bien étroite et bien dure. C'est un petit peloton d'abeilles, nous l'avons dit, qui entoure la pauvre mère et qui finit par l'étouffer.

Quelquefois, ces essaims, malgré la perte des deux mères, n'abandonnent pas la ruche ; ils construisent alors des gâteaux composés uniquement de cellules à bourdons. Ne pouvant pas élever de couvain, ils ne recueillent point de pollen, mais ils amassent du miel ; j'en ai récolté jusqu'à huit kilogrammes dans une seule ruche. Ces sortes d'essaims sont excessivement rares, j'en ai rencontré peut-être une dizaine en tout.

101. Empêcher les essaims de se réunir. — Il n'est guère possible d'empêcher la réunion de deux essaims qui sortent de leur ruche au même moment. Mais si l'un est rassemblé à la branche d'un arbre, ou recueilli dans une ruche, lorsqu'il plaît à l'autre de quitter la maison maternelle, il sera facile de s'opposer à la réunion qui aurait très-problament lieu, si on n'y mettait obstacle. Il suffit de se placer avec un enfumoir entre les deux populations ; une fumée abondante, dirigée contre le second essaim, l'éloignera et le forcera à s'établir à quelque distance du premier. Si ce premier essaim se trouve déjà rassemblé dans la ruche, on se contentera de le transporter à quelque distance. Inutile alors d'employer la fumée contre le second, qui s'établira où il lui plaira.

102. Essaim à la station d'un essaim précédent. — Assez souvent les essaims du lendemain vont s'établir à la branche qui a servi de station à ceux de la veille. La raison de cette préférence, c'est que la nouvelle colonie est attirée par les quelques abeilles de la première qui reviennent voltiger autour de l'arbre où elles s'étaient posées la veille. Une seule fois, j'ai eu occasion d'en reconnaître les inconvénients. C'était en 1838 ; un essaim vint s'établir sur le même arbre qu'un autre essaim de la veille ; il fut recueilli sur le champ ; mais à mon grand étonnement, au bout de deux heures, les abeilles se mirent en mouvement, elles sortirent et s'en retournèrent une à une à la souche. Enfin, je soulevai l'essaim ; il ne restait plus qu'un quart de la population ; je vis sur le plateau un petit peloton d'abeilles gros comme une noix ; la mère en formait le triste noyau, elle était dans un état désespéré. Alors tout me fut expliqué, c'étaient les quelques abeilles de l'essaim de la veille, qui, s'étant rencontrées avec cette mère, l'avaient enlacée et étreinte jusqu'à ce que mort s'ensuivît.

103. Poids et volume d'un bon essaim. — Un bon essaim doit peser deux kilogrammes environ. Il est bon de dire ici que les abeilles, en quittant leur domicile pour aller fonder une nouvelle colonie, se munissent toutes d'une provision de miel qui les rend plus lourdes que dans leur état habituel ; la différence de poids est même assez sensible. D'après

des expériences que j'ai faites et dont je garantis l'exactitude, il faut 11,200 abeilles à leur état habituel de vie pour
peser un kilogramme ; tandis qu'il n'en faut, pour former le
même poids, que 9,400, quand on les prend dans un essaim
et qu'on les pèse quelques heures après leur sortie. Quant
au volume, un essaim dont les abeilles pèsent 2 kilog., occupe aux trois quarts une ruche jaugeant dix-huit litres, et
un essaim de 2^k,500 grammes l'occupe à peu près entièrement. Ceci suppose une température modérée ; car, par de
grandes chaleurs, l'essaim de 2 kilog. s'étendra et remplira
toute la ruche.

Le volume apparent d'un essaim est au moins quatre ou
cinq fois plus grand que le volume réel ; tel essaim qui remplit la ruche, si on le fait tomber sur le plateau, forme à
peine une couche de quatre ou cinq centimètres d'épaisseur.

Je suis tenté de croire qu'ils n'ont rien vérifié les auteurs
qui portent à trois kilogrammes le poids des essaims ordinaires. Ce poids me paraît exagéré d'un tiers ou d'un quart.

104. Installation de l'essaim. — L'essaim, dès la première nuit de sa mise en ruche, travaille à se couvrir, c'est-
à-dire, à faire des constructions entre lesquelles il puisse se
loger. Pour peu que la saison soit favorable, il ne lui faut
que cinq ou six jours pour remplir de rayons tout l'espace
qu'il occupait dans la soirée de sa mise en ruche. Quand ce
premier travail est terminé, les gâteaux n'avancent plus
qu'autant que de nouvelles cellules deviennent nécessaires
pour loger le miel et le couvain.

Les ouvrières, pendant les deux ou trois premiers jours,
charrient peu de pollen ; on le comprend facilement, puisque
les quelques œufs qui ont été pondus la première nuit,
n'écloront que trois fois vingt-quatre heures après.

L'essaim, le jour même de son installation et les trois jours
suivants, acquiert peu de poids comparativement aux autres

ruchées ; mais à partir du quatrième jour, son activité est telle, que parfois il regagne ce qu'il a perdu. L'essaim mis à la place de la souche ne se conduit pas autrement que placé loin d'elle.

Je recommande à l'attention du lecteur l'expérience suivante, qui date de 1861 ; je la dois à l'obligeance d'un ami, M. Martin, curé de Pagny-sur-Moselle (Meurthe), cette expérience conforme à ce que j'ai vu, aussi en 1861, prouve qu'un essaim logé en ruche vide acquiert peu de poids, les trois premiers jours de son établissement, par comparaison avec les autres ruchées.

	A	B	C	D
21 mai . . .	$10^k,530$			$14^k,550$
22 — . . .	230	$10^k,150$		870
23 — . . .	290	450		580
24 — . . .	250	250		1,220
25 — . . .	530	350		700
26 — . . .	1,000	250		880
27 — . . .	1,150	650	$9^k,400$	1,000
28 — . . .	1,200	800	230	1,150
29 — . . .	930	630	470	500
30 — . . .	870	500	300	500
31 — . . .	1,220	1,000	630	630
1 juin . . .	1,530	1,480	530	680

Explication du tableau. — A, B, C, sont des essaims naturels qui ont été logés en ruches vides, et mis à la place des souches dont ils ont reçu presque toute la population. D, est une ruchée forte en population qui n'a pas essaimé ; elle est prise comme terme de comparaison.

Le premier nombre, en tête de chaque colonne, donne le poids brut (plateau, ruche, abeilles) que chaque colonie avait à six heures du matin. Ainsi, l'essaim A, né le 20 mai, pesait le 21 mai, à six heures du matin, $10^k,530$ grammes ;

l'essaim B, né le 21 mai, pesait, le lendemain 22 mai, 10,150 grammes ; l'essaim C, né le 26 mai, pesait, le 27, 9,400 grammes ; et la ruchée D pesait, le 21 mai, 14,550 grammes.

Les petits nombres nous donnent la récolte de la veille, la pesée se faisant à six heures du matin ; ainsi, le nombre 230 grammes indique la récolte de l'essaim A pour la journée du 21 mai.

Observations. — En voyant ce tableau, on est frappé de l'activité que développent les deux premiers essaims ; l'un, le quatrième jour de sa naissance ; l'autre, le cinquième seulement. Le troisième essaim commençait à développer la sienne, quand l'expérience a été interrompue. L'essaim A, le 1er juin, avait regagné, et au-delà, sur la ruchée D, ce qu'il avait perdu pendant les quatre premiers jours, et l'essaim B était en train de le faire.

Si la récolte avait cessé au moment même où l'énergie de nos essaims allait se déployer, il est certain que pour eux, il y aurait eu infériorité, relativement à la ruchée D, infériorité d'autant plus sensible que la récolte aurait été plus abondante.

105. Rendre fort un essaim faible. — Si, pour une cause quelconque, une ruchée très-forte ne vous donne qu'un essaim faible, il sera toujours aisé de le rendre fort, et cela sans le moindre inconvénient. Aussitôt que l'essaim est recueilli et prêt à être porté à l'apier, enlevez la souche, et sur le plateau de celle-ci, mettez l'essaim. Les abeilles restées sur le plateau et celles qui vont revenir des champs, en augmenteront bientôt le volume. Le lendemain, de nouvelles ouvrières, venant encore s'y réunir, votre essaim se trouvera être très-fort. N'ayez aucune inquiétude sur la souche, si, toutefois, elle est lourde. Elle aura réparé le déficit de sa population avant un mois.

Il est bien entendu que la souche doit rester à sa nouvelle

7

place. Pour faire cette mutation en toute sécurité, il faut avoir la certitude que l'essaim est sorti de telle ruche et non de telle autre; sinon, en mettant à la place d'une ruche un essaim qui n'en serait pas sorti, les abeilles monteraient difficilement dans l'essaim à cause du vide de la ruche. Il y aurait alors désordre et confusion.

La permutation de l'essaim avec la souche, quand celle-ci est lourde, présente deux avantages. L'essaim, où se trouve réunie presque toute la population, aura bientôt fait ses vivres; la souche, de son côté, est trop affaiblie pour donner un essaim secondaire.

106. **Nourrir l'essaim.** — Inspiré par une prévoyance admirable, un essaim, au départ, emporte toujours avec lui des provisions pour plusieurs jours. Déjà, la nuit suivante, des cellules sont ébauchées, et la mère y dépose quelques œufs. Si les trois premiers jours, après l'établissement de l'essaim, sont favorables au travail, c'en est assez pour donner aux abeilles le temps d'amasser des provisions qui les mettront en état de supporter huit ou dix jours de mauvais temps. Mais si, pendant les deux premiers jours de son installation, l'essaim ne peut aller chercher sa nourriture à la campagne, il faut lui venir en aide et lui donner du miel qui le fasse vivre jusqu'au retour du beau temps. Soixante grammes par jour me paraissent suffisants. On croit communément qu'un essaim emporte des provisions pour trois jours. J'aimerais mieux le nourrir le troisième jour que d'attendre au quatrième.

107. **Fuite des essaims, faute de nourriture.** — Voilà un essaim primaire qui, le lendemain de l'essaimage ou les jours suivants, abandonne sa ruche pour aller je ne sais où; cependant cet essaim, en sortant de la souche, s'était établi à une branche avec une régularité parfaite; il s'était laissé mettre en ruche avec la plus louable docilité; il

avait passé la première nuit dans le calme le plus rassurant. Pourquoi est-il devenu volontaire et capricieux? Ne cherchez pas d'autre cause de la fuite de cet essaim que le défaut de vivres; si vous lui aviez donné un peu de nourriture, il n'aurait jamais songé à courir de nouveaux hasards.

Il y a, dans la saison des essaims, des journées qui sont belles en apparence, mais qui ne sont pas bonnes pour les abeilles. C'est alors qu'il faut craindre la fuite des essaims nouvellement établis.

Voici un indice rarement trompeur pour distinguer les journées belles des journées bonnes.

Quand vous voyez, entre quatre et cinq heures du soir, les ouvrières de toutes les ruchées ralentir considérablement leur travail, dites : la journée n'a pas été bonne pour le miel; si, au contraire, vous voyez presque autant d'animation entre six et sept heures du soir qu'au milieu du jour, c'est que les fleurs donnent du miel.

Autre indice de miel; lorsque, au coucher du soleil, le bruissement des colonies est plus vigoureux que les jours précédents, dites encore : la journée a été bonne en miel.

108. **Loger l'essaim dans une bâtisse.** — Quelques apiculteurs sont dans l'usage de loger des essaims dans des ruches contenant des gâteaux; on leur donne, disent-ils, un appartement tout meublé qui leur épargne beaucoup de peine et de travail. Ils conservent donc, pour cette destination, des ruches dont les rayons ne soient pas de trop ancienne date. Cette méthode est bonne, pourvu que ce soient des gâteaux d'essaims de l'année précédente. Je suis persuadé qu'un essaim recueilli dans une ruche renfermant un bâtiment tout fait, se trouvera, à l'automne, plus lourd qu'un autre du même jour et d'une population équivalente, mais recueilli dans une ruche vide.

D'après des expériences que j'ai faites en 1859 et 1861,

l'avantage de loger un essaim dans une bâtisse ne serait pas aussi grand qu'on pourrait le croire.

Quand on voudra conserver intactes ces constructions faites par des essaims de l'année précédente, on les suspendra pendant l'hiver dans un grenier. Pendant les mois d'avril et de mai, on les descendra à la cave, afin de les préserver des attaques de la fausse-teigne.

109. Opinion de l'auteur sur les bâtisses. — Est-il avantageux de loger des essaims dans des bâtisses de l'année précédente ?

Pour bien résoudre cette question, il est nécessaire de la préciser par des exemples.

Premier exemple de deux essaims logés, l'un en ruche vide, l'autre en bâtisse sèche, c'est-à-dire sans miel.

Deuxième exemple de deux essaims logés, l'un en ruche vide avec miel, l'autre en bâtisse grasse, c'est-à-dire avec miel.

Troisième exemple de deux essaims logés, l'un en ruche vide, l'autre en bâtisse grasse.

Il est bien entendu que pour nos trois expériences, il faut deux essaims de même nature, naturels ou artificiels, nés le même jour et de population égale.

Occupons-nous d'abord du troisième exemple, ce ne sera pas long.

Toute comparaison entre essaim logé en ruche vide et essaim en bâtisse grasse est tout à fait défectueuse. L'essaim en bâtisse grasse peut supporter une crise alimentaire, c'est-à-dire un défaut de récolte, sans que la ponte commencée soit interrompue, tandis que l'essaim en ruche vide, surtout un essaim artificiel, souffrira énormément si les premiers jours d'installation sont mauvais ; la mère, pendant toute la durée du mauvais temps, ne pondra pas, faute de cellules et de miel ; les ouvrières ne bâtiront pas ; ces pauvres ouvrières, au premier beau jour, affaiblies par la faim, tenteront d'aller aux vivres, mais toutes pourront-elles supporter les fatigues du voyage et revenir avec des provisions ?

Hâtons-nous donc de loger un essaim en bâtisse grasse, mais point de lutte avec un autre essaim en ruche vide, elle serait trop inégale pour le dernier.

Donnons maintenant notre avis sur les deux premiers exemples

1° Un essaim en bâtisse acquerra plus de poids les trois premiers jours qu'un autre essaim en ruche vide. La différence sera d'autant plus sensible que la récolte en miel sera plus abondante ; mais à partir du quatrième jour, la différence sera désormais insignifiante ; ou mieux, la cire qui sera fabriquée par le second, vaudra le miel en plus que le premier amassera.

2° Toutes choses égales, d'ailleurs, une colonie prospère mieux en cire nouvelle qu'en cire moins nouvelle, par conséquent, un essaim, après avoir rempli la ruche de gâteaux nouveaux, prospérera mieux qu'un autre essaim en bâtisse plus vieille d'un an.

Partant de ces principes, nous disons : Si les trois premiers jours ne fournissent que peu de miel aux essaims en bâtisse du premier et du second exemple, soit 300 ou 400 grammes chaque jour, dans ce cas, il n'y a pas eu profit à leur donner des bâtisses, attendu que le miel qu'ils auront en plus ne compensera pas la cire que les essaims en ruche vide feront, et l'avantage qu'ils en retireront, l'année suivante.

Mais si les trois premiers jours d'installation donnent beaucoup de miel, par exemple, 1,000 ou 1,500 grammes chaque jour, ce qui est rare dans nos contrées ; oh ! dans ce cas, j'avouerai franchement que la bâtisse a été avantageuse.

Observation. — Il n'est pas aussi facile qu'on pourrait se l'imaginer d'avoir des bâtisses sèches, propres à loger des

essaims ; il ne faut ni mouches mortes ni vieux pollen dans
les cellules. En 1862, à l'automne, je trouvai sur mon apier
trois ruches sans mouches ni miel, entièrement bâties par
des essaims de l'année même ; dans deux de ces bâtisses, le
dixième au moins des cellules contenait du vieux pollen.
Pouvait-on mettre un essaim en pareilles bâtisses ? Évidemment non.

110. **Essaim allant s'établir dans une bâtisse.** — On a
laissé par négligence sur l'apier un panier dont les abeilles
sont mortes. Les constructions existent, mais il n'y a plus
personne pour les habiter. Au moment de l'essaimage, on
remarque dans ce panier autant d'animation que dans les
autres. D'où vient cette population qui est venue si à propos le raviver ? C'est tout simplement un essaim qui s'y est
établi. De tels cas ne sont pas rares.

111. **Réunion des essaims.** — Un propriétaire qui comprend
ses intérêts, préfère la qualité des colonies à la quantité. Il
aime mieux deux bons essaims que quatre médiocres. Il
réunira d'abord les essaims, même précoces, qui ne rem-
pliraient pas les trois quarts d'une ruche de dix-huit litres.
Il réunira aussi les essaims forts, mais tardifs (1). Il profi-
tera de l'essaimage pour fortifier une ruchée faible et peu
ancienne. On peut affirmer qu'en général un apier ne prospère qu'autant qu'on pratique largement la réunion des
essaims. Sans doute, les essaims médiocres réussissent
dans les bonnes années, mais ces années sont rares, elles
sont exceptionnelles.

(1) Nos abeilles, généralement parlant, n'amassent plus rien à la
mi-juillet ; mais c'est précisément à partir de cette époque que, dans
les pays à bruyère et à sarrasin, commence la grande récolte de
miel. Des essaims médiocres, mais précoces, ou des essaims forts,
mais tardifs, y ont donc plus de chances de réussite que dans la
plaine ; on fera donc bien de ne pas les réunir.

Nos réunions se font toujours le soir, depuis une demi-heure avant le coucher du soleil jusqu'à la nuit. Nous voici avec deux essaims du même jour ; aucun n'est assez fort pour rester seul ; il faut les réunir, autant que possible, le jour même de leur sortie. Choisissons, près de l'apier, un sol uni et sans herbe ; étendons deux baguettes longues de cinquante centimètres et de la grosseur d'un doigt, distantes l'une de l'autre de quinze centimètres environ. Apportons les deux essaims à droite et à gauche ; enfumons modérément jusqu'à ce que nous entendions un fort bourdonnement dans les deux. Une fumée trop abondante ferait tomber les abeilles sur le plateau. Prenons ensuite un des essaims, secouons-le fortement sur les baguettes et couvrons-le par l'autre essaim. Les abeilles tombées à terre débordent de toute part ; elles semblent vouloir s'enfuir ; promenons de la fumée tout autour pour les décider à retourner dans la ruche. Quand elles sont à peu près toutes rentrées, lançons quelques bonnes bouffées dans l'intérieur pour entretenir ou rétablir le bourdonnement. Ne craignons jamais rien si l'état de bruissement se soutient fort et continu pendant une demi-heure au moins après la réunion ; craignons, au contraire, lorsqu'on entend seulement un bruit faible dans l'intérieur. En observant les règles que nous venons d'indiquer, nous ferons très-peu de victimes.

Des apiculteurs, dignes de toute confiance, assurent que quand la réunion de deux essaims du même jour se fait le jour même de l'essaimage, la fumée devient inutile, et que jamais il n'y a de tuerie. Depuis que j'ai eu connaissance de la chose, je n'ai pas eu occasion d'en vérifier l'exactitude.

Je n'y mets pas toujours tant de façon pour réunir deux essaims du même jour : je les enfume jusqu'à bruissement ; ensuite, par un coup sec et ferme, je fais tomber l'essaim le plus faible dans le plus fort ; puis, appliquant vite le plateau sur la ruche et les tenant collés ensemble, je les retourne dans leur position naturelle.

Quand c'est un essaim du jour qu'il s'agit de réunir à un autre des jours précédents, c'est toujours ce dernier qu'on doit conserver, à cause des nouvelles constructions qui s'y trouvent déjà, mais alors n'employez pas le moyen expéditif dont je viens de parler. En renversant la ruche, les gâteaux tomberaient infailliblement.

Voulez-vous donner un essaim du jour à une ruchée faible ? vous pouvez suivre indifféremment l'une des deux méthodes ; aimez-vous la plus expéditive ? dans ce cas, frappez un premier coup sur l'essaim, les abeilles tombent et s'enfoncent bien vite entre les gâteaux de la ruchée faible ; un second coup en fait tomber d'autres qui s'enfoncent comme les premières ; enfin, un troisième et dernier coup fait tomber le reste. En secouant le tout à la fois, il y aurait engorgement et reflux.

Le bourdonnement est une condition essentielle de réussite ; il faut le provoquer avant l'opération et le maintenir encore après.

112. **Réunion plus ou moins difficile.** — En été, par les temps orageux ou pluvieux, il est assez difficile de mettre les abeilles en état de bruissement. Les réunions d'essaims sont plus difficiles à opérer avec succès.

Une population dont on vient de retirer la mère et qui a du couvain, fraternise facilement avec une autre population à laquelle on la réunit. Quelques bouffées de fumée avant et après la réunion, suffisent pour prévenir tout combat.

Les apiculteurs qui voudront réunir un essaim secondaire à un autre essaim, feront bien, avant la réunion, de s'emparer de la mère de l'essaim secondaire. Avec cette précaution et un peu de fumée, tout ira bien. Voir l'article 123.

J'ai toujours quelque inquiétude pour une réunion d'un

essaim secondaire, car à l'automne, si je trouve parfois des essaims sans mère, ce sont presque toujours des réunions d'essaims secondaires.

113. Réunion d'un essaim à deux ruchées médiocres. — Vous avez un essaim fort, mais tardif, dont vous ne savez que faire ; vous ne devez pas le rendre à la souche, dans la crainte qu'il ne ressorte les jours suivants ; mais vous pensez à deux ruchées médiocres que vous aimeriez à fortifier. Apportez ces dernières sur un sol uni ; laissez entre elles un espace suffisant pour y secouer l'essaim fortement et d'un seul coup ; les abeilles entrent à droite et à gauche ; elles se porteront peut-être en plus grand nombre vers l'une des ruches ; quand vous jugez que la moitié est entrée dans la plus favorisée, éloignez-la, revenez vite avec de la fumée pour diriger le reste des abeilles vers la moins heureuse. Je vous répéterai ici que si vous avez soin d'établir d'abord l'état de bruissement, et de le maintenir ensuite, vous ne trouverez pas vingt mouches mortes le lendemain. Ne tentez jamais de réunion tant qu'il n'y aura pas un fort bourdonnement dans les ruchées.

114. Essaim provenant d'un essaim ou reparon. — Dans les années où le temps de l'essaimage dure un mois ou six semaines, on voit parfois un fort essaim précoce donner aussi un essaim. Cet enfant que, dans certains pays, on appelle reparon, rejeton, fait courir à sa mère et court lui-même grand risque de mourir de faim. Le rendre à sa souche, c'est exposer celle-ci à essaimer de nouveau dans deux ou trois jours ; lui enlever sa mère et ensuite le réunir à sa ruchée natale, c'est encore pire, c'est provoquer presque sûrement cette dernière à donner un essaim secondaire, sept ou huit jours après. Que faire donc de ce malheureux enfant qui nous donne tant de soucis ? Réunissons-le à une ruchée faible. Quant à la souche, on ne peut

en tirer parti qu'en la réunissant à une autre ruchée. Mais
pour cela, il faut attendre le mois suivant, ou même l'arrière-
saison. Le reparon serait excessivement rare, si l'on avait
soin de donner une hausse ou une calotte à un essaim fort
et précoce, et cela dès que la ruche est pleine de rayons.

ESSAIMAGE SECONDAIRE.

115. Essaims secondaires. — On appelle essaim secondaire celui qui est produit par une ruchée qui a déjà essaimé huit ou neuf jours auparavant. Ce qui distingue essentiellement l'essaim secondaire de l'essaim primaire, c'est
que celui-ci est toujours accompagné de l'ancienne mère,
tandis que l'autre, l'essaim secondaire, est suivi d'une mère
âgée de quelques jours seulement. Ainsi, un essaim primaire, qui, après être sorti de sa ruche, y rentre avec sa
mère et ressort, deux ou trois jours après, n'est point un
essaim secondaire, car, c'est toujours l'ancienne mère qui
l'accompagne; mais, si la mère s'est égarée pendant le jet,
les abeilles, nous l'avons dit ailleurs (97), rentrent et ne ressortent plus que huit ou neuf jours après. Elles attendent la
naissance des mères qui sont au berceau et qui n'arrivent à
terme que le cinquième ou sixième jour après le départ de
l'ancienne. Alors ce sera un essaim secondaire, parce qu'il
entraîne avec lui une jeune mère.

116. Colonie à essaim secondaire. — Premièrement,
la ruchée dont l'essaim primaire est rentré par suite de la
perte de sa mère, donnera très-probablement un essaim secondaire. En second lieu, une ruchée dont les gâteaux ne
datent que d'un ou de deux ans, est très-exposée à fournir
un essaim secondaire quand, après avoir essaimé une première fois, elle conserve encore une population passablement forte. Enfin, dans certaines années, presque toutes les
ruchées donnent des essaims secondaires; d'autres fois, ces
essaims seront peu communs, mais toujours vous serez pré-
venu de leur départ, dès la veille.

117. Provoquer la sortie de l'essaim secondaire. — L'essaim secondaire amasse très-rarement ses provisions d'hiver (122); souvent il cause encore la ruine de la souche (123);

mais il y a un moyen bien simple, d'obtenir un essaim secondaire, volumineux, qui puisse faire ses vivres sans nuire à la souche.

Aujourd'hui, une ruchée donne son premier essaim, et nous voulons que, dans huit jours, elle nous en donne un second qui soit fort; à cette intention, mettons, le jour même ou le lendemain de l'essaimage, le premier essaim à la place de sa souche (105), celle-ci à la place d'une ruchée à forte population, et cette dernière à une place vacante de l'apier. Au moyen de ces trois mutations, on provoquera presque sûrement la sortie d'un essaim secondaire, volumineux.

Il n'y a pas d'apiculteurs qui n'aient à se plaindre de certaine ruchée, à population excessive, qui s'obstine néanmoins à ne pas essaimer; c'est aux lieu et place de cette ruchée, qu'on doit mettre de préférence la souche dont on veut provoquer l'essaim secondaire.

Dans la seconde édition du *Guide*, je conseillais, pour prévenir toute tuerie, d'établir l'état de bruissement (217) dans la souche avant de la mettre à la place de la ruchée forte; mais depuis, j'ai reconnu que c'est une précaution inutile; que les abeilles de la souche, sans y être préparées par la fumée, acceptent sans combat les abeilles de la ruchée forte dont elles occupent la place (85).

Quoique la souche soit redevenue très-peuplée, ne vous attendez pas néanmoins à ce qu'elle donne un essaim secondaire aussi fort que le primaire. Il lui restera donc encore assez de mouches pour une troisième émigration; mais un essaim tertiaire serait chose fâcheuse, il faut l'empêcher, et pour cela, mettez l'essaim secondaire à la place de la souche, et celle-ci à une place vacante de l'apier, et non à la place d'une ruchée forte.

118. **Indice très-probable d'un essaim secondaire.** — L'essaim secondaire part ordinairement, le huitième ou

neuvième jour, après la sortie du primaire, et toujours il se fait précéder, dès la veille ou l'avant-veille, par le chant de la mère (1).

Exemple. — Voilà l'essaim primaire qui part le dimanche, s'il doit être suivi d'un essaim secondaire, la mère chantera tantôt le samedi suivant, tantôt le dimanche. Elle chantera quelquefois plus tôt, mais rarement plus tard que les deux jours que nous venons d'indiquer.

L'essaim, s'il fait beau temps, sortira le lendemain ou le surlendemain du jour où la mère aura commencé de chanter. Mais, si le temps est mauvais pendant quatre ou cinq jours, vous entendez d'autres mères, et vous distinguez parfaitement plusieurs chants qui alternent, ou, mais rarement, qui se produisent en même temps ; dans ce cas, l'essaim sera probablement accompagné de plusieurs mères ; et alors la souche court grand risque de devenir orpheline (171), si on ne lui rend pas son essaim.

Quand la sortie de l'essaim primaire a été retardée par la pluie ou le froid, le chant de la mère peut se faire entendre plus tôt ; ainsi, en 1858, du 15 au 28 mai, à une belle journée succédaient trois ou quatre jours de froid ; pendant cette période, on entendait parfois le chant des mères deux ou trois jours après la sortie de l'essaim primaire. La régularité ne s'est rétablie que pour les colonies qui ont essaimé après le 28 mai, parce que le temps a été constamment beau jusqu'au 20 juin.

(1) Le chant de la mère est un son tout particulier sur un même ton, assez semblable à celui du grillon. Pour bien le saisir, il faut coller l'oreille contre les parois de la ruche. C'est le matin et le soir qu'on doit écouter. Pendant la journée, le bruit, le mouvement des abeilles en travail, ne permettent pas toujours de l'entendre. Quelquefois, il existe un assez long intervalle entre chaque chant, il faut alors écouter patiemment et attentivement.

Les jeunes mères attendent quelquefois jusqu'au douzième jour avant de chanter ; mais c'est une exception si rare que je n'en parle que pour mémoire. Il n'est pas question ici des ruchées dont on a tiré un essaim artificiel ; pour celles-là, les mères ne chantent jamais avant le treizième jour (138).

Une ruchée où les mères chantent, nous donne presque la certitude qu'il en sortira, le lendemain ou les premiers beaux jours suivants, un essaim secondaire ; cependant, quand le miel devient rare et que la guerre aux bourdons est commencée dans les autres colonies, dans ce cas, malgré le chant de la mère, la ruchée pourra bien ne pas essaimer.

Plusieurs apiculteurs de notre temps sont tombés dans une confusion d'idées regrettable, en assurant que les essaims primaires, aussi bien que les essaims secondaires, se font annoncer, dès la veille, par un bruit intérieur tout particulier et par le chant de la mère. Ce bruit, ce chant, quelque soin que j'y misse, je n'ai jamais pu ni les saisir, ni les entendre avant le départ de l'essaim primaire, excepté deux fois dans des circonstances de mauvais temps tout à fait exceptionnel, mais toujours les mères chantent avant le départ de l'essaim secondaire.

119. Départ, caprice de l'essaim secondaire. — L'essaim secondaire sort communément entre midi et trois heures. Il est volontaire et capricieux, il sortira et rentrera peut-être plusieurs fois avant de se fixer quelque part (1). D'autres fois, il se jettera comme une tourbe indisciplinée

(1) Il n'est pas rare de voir un essaim se grouper entièrement à la station qu'il a choisie, sans que pour cela la mère s'y trouve. Les abeilles sentent bientôt qu'elles sont orphelines, elles retournent alors à la souche. Souvent j'ai épié la sortie de la jeune mère. Quelquefois elle rentrait presque immédiatement après sa sortie, elle abandonnait l'essaim répandu comme une nuée dans les airs.

dans une ruche étrangère, ou bien, se jouant de tous vos
efforts, il prendra un vol rapide et droit comme la balle,
pour aller je ne sais où, dans une cheminée abandonnée,
dans un trou de vieux arbre. Une autre fois, quoique rassemblé dans une ruche, il l'abandonnera quelques heures
après, pour retourner à la souche ou s'enfuir pour toujours. Ces sorties, ces rentrées successives diminuent considérablement les provisions de la souche ; d'un autre côté,
la surveillance et la mise en ruche deviennent ennuyeuses.

Pour s'épargner les soucis, les embarras que causent ces
essaims, on fera bien de prévenir leur sortie en les faisant
artificiellement. Le lendemain du jour où la mère a commencé de chanter, vers trois ou quatre heures du soir, on
transvase les abeilles de la souche (136) ; on enferme l'essaim au moyen d'une toile claire, avec cette précaution, l'asphyxie n'est point à craindre ; après une demi-heure ou une
heure de prison, l'essaim vous dira lui-même ses joies ou
ses peines ; s'il est accompagné d'une mère, il sera heureux
et calme, rendez-lui la liberté, il n'en abusera pas, il restera
dans sa nouvelle habitation jusqu'à ce que vous le réunissiez
à la souche le lendemain matin (122) ; mais si la mère ne l'a
pas suivi, il sera tumultueux et dans des angoisses inexpri-
mables ; gardez-vous bien alors de lui rendre la liberté, il
en abuserait pour retourner immédiatement à la souche, et
l'opération serait à recommencer, peut-être sans plus de
réussite ; tenez-le prisonnier jusqu'au coucher du soleil,
c'est le moment de le réunir à une ruchée médiocre, de la
manière suivante : enfumez d'abord jusqu'à bruissement la
ruchée médiocre, ensuite, calmez l'orphelin en lui projetant,
à travers la toile, quelques bouffées de fumée. Cela fait, nos
deux colonies étant en état de bruissement, rapprochons-les,
l'une de l'autre, le plus possible ; donnons pleine liberté aux
orphelines, et aussitôt nous les verrons entrer avec empres-

sement dans la ruchée voisine, elles y seront appelées par le bruissement. Dès que la réunion est opérée, nous reportons la ruchée à sa place. Pour savoir ce qui se passera, la nuit suivante, dans la souche de l'essaim artificiel, lisez l'article 121. Si, le lendemain, les mères continuent à chanter, il est probable que les abeilles de l'essaim, revenant à la souche (73), la disposeront à essaimer ; mais, si les mères ne chantent plus, nous pouvons nous applaudir du succès, la souche n'essaimera pas.

J'aime mieux, pour plusieurs raisons, faire l'essaim le soir que le matin : 1° je craindrais, en cas de non réussite, que les abeilles orphelines, prisonnières depuis neuf ou dix heures du matin, ne pussent pas vivre sans nourriture jusqu'au coucher du soleil ; des abeilles fortement agitées ne vivent pas longtemps sans nourriture ; 2° l'essaim secondaire ne part pas toujours le premier jour après le chant de la mère, il attend souvent le second ; 3° enfin, s'il vient à sortir le premier jour et à rentrer, rien n'empêche de le faire artificiellement le même jour, à l'heure que nous avons indiquée, et de prévenir ainsi une nouvelle sortie de sa part.

120. Empêcher la fuite de l'essaim secondaire. — Dès qu'un essaim secondaire est sorti, on examine la direction qu'il prend ; s'il paraît s'éloigner de l'apier, ou se porter vers un lieu dénué de tout arbrisseau, on essaie de l'arrêter en lui jetant de l'eau avec un aspersoir, une grande brosse, une touffe de paille ; on peut encore lui lancer du sable, de la poussière. Les gens de la campagne gratifient d'un petit charivari tous leurs essaims indistinctement, pensant empêcher ainsi leur fuite. Cette pratique, dont je ne connais pas la valeur, doit être conservée, ne fût-ce que pour attester l'existence de l'essaim et donner au propriétaire le droit de le réclamer. Il est bien rarement nécessaire de recourir à l'eau et à la poussière pour arrêter les essaims primaires :

leurs mères, plus lourdes que celles des essaims secondaires, ont un vol plus pénible qui ne leur permet guère de s'éloigner de l'apier.

121. Histoire de la souche de l'essaim secondaire. — Lorsque la ruchée a donné un essaim secondaire, elle est réduite à une très-faible population; dans ce cas, elle a peut-être encore plusieurs mères sorties de leurs cellules, mais ces mères ne chantent plus ; elles se livrent un combat acharné, la nuit suivante ; la plus forte ou la plus heureuse va tuer ensuite ses rivales au berceau, et reste ainsi seule maîtresse du champ de bataille. Le lendemain matin, on voit souvent les victimes de la nuit, tombées en avant de la ruchée.

Cependant, il est encore possible que le lendemain vous entendiez le chant des mères. Quand ce cas très-rare se présente, un essaim tertiaire est à craindre. Gardez-vous bien alors de rendre à la souche l'essaim secondaire, comme nous allons le conseiller dans l'article suivant : en augmentant la population dans cette circonstance, vous détermineriez très-probablement la sortie de l'essaim.

122. Réunion de l'essaim secondaire. — Dans nos contrées, les essaims secondaires n'amassent pas leurs provisions d'hiver; que peut-on attendre, en effet, d'une colonie qui forme à peine la moitié d'une population ordinaire ? Il faut absolument les réunir à d'autres ruchées, mais de préférence à la souche, quand on sait d'où ils viennent. On ferait bien de ne rendre l'essaim secondaire à la souche que le lendemain ; on pourrait alors parier dix contre un qu'il ne ressortirait plus.

Entre cinq et six heures du matin, on enfume légèrement la souche, uniquement pour la calmer et se garantir des piqûres ; on la renverse en la posant à terre ; sans autre préparation, on secoue une portion de l'essaim, puis une

seconde, puis enfin une troisième par un dernier coup ferme
et sec ; les abeilles tombent et s'enfoncent entre les gâteaux
de la souche. On remet ensuite celle-ci sur son plateau. La
réunion est terminée. Comme c'est la même famille, aucun
combat n'est à craindre, l'usage de la fumée devient inutile.
Peut-être quelques abeilles tomberont à côté de la ruche ;
ne vous en occupez pas, elles sauront bien rejoindre la
souche.

Si ce moyen ne vous plaît pas, secouez l'essaim à terre
sur deux baguettes, placez la souche par-dessus, enfumez
les abeilles pour hâter leur rentrée ; une demi-heure après,
reportez la souche à sa place. Il n'est pas question ici de
la réunion des essaims secondaires qui viennent à la suite
d'un essaim primaire, que la perte de sa mère a forcé
de rentrer. Il est clair que ces sortes d'essaims, étant
aussi forts que les primaires, auront les mêmes chances de
succès.

123. **Trouver la mère d'un essaim.** — Voici comment on
réussira neuf fois sur dix à trouver la mère d'un essaim.
On le secoue doucement et successivement, dans cinq ou
six ruches ; les abeilles tombent et s'étendent sur les parois
intérieures ; on retourne les ruches ; un quart d'heure ou
une demi-heure après, les groupes commencent à s'agiter :
les uns un peu plus tôt, les autres un peu plus tard. Un
seul reste calme, c'est celui qui possède la mère, c'est là
qu'il faut la chercher.

On enfume une des portions qui sont agitées, le bruissement y est bientôt établi, on secoue à 30 centimètres de
distance le groupe qui tient la mère, les abeilles entendent
le bourdonnement voisin, elles se dirigent vers ce côté,
quelques bouffées de fumée les engagent toutes à suivre le
même chemin. Quand on les voit en marche pour franchir
les 30 centimètres qui les séparent de leurs sœurs. on re-

garde attentivement, et dès qu'on aperçoit la mère, on la couvre avec un verre qu'on tient à la main.

C'est curieux de voir les abeilles dans cette circonstance. Elles ressemblent à un troupeau de moutons qui se pressent de rentrer dans la bergerie.

On peut faire cette chasse à la mère dans une chambre à toute heure de la journée ; mais elle ne devra être faite en plein air que le soir, une heure avant le coucher du soleil ou le matin avant six heures.

124. Reconnaître d'où sort un essaim secondaire. — Nous avons dit, art. 122, qu'il fallait rendre à la souche l'essaim secondaire. Mais souvent on ignore de quelle ruchée est sorti ce petit essaim que l'on voit suspendu à une branche d'arbre et qui est très-probablement un essaim secondaire. Si vous êtes curieux de le savoir, suivez-moi. Vous aviez une ruchée où la mère chantait, allez écouter, et si vous n'entendez plus rien, c'est que l'essaim est sorti de cette ruchée. Si vous n'avez pas fait attention au chant de la mère, il vous reste encore un autre moyen de constater l'origine de votre essaim. Le lendemain au lever du soleil, mettez quelques pincées de farine au fond d'un verre, puisez dans l'essaim quelques centaines d'abeilles ; les mouches emprisonnées dans le verre tombent et retombent dans la farine, elles s'en font un vêtement. Donnez-leur alors la liberté. Elles vont d'abord voltiger là où, la veille, elles ont été mises en ruche, mais n'y retrouvant plus la famille, elles se décident enfin à retourner à la souche et fournissent ainsi leur acte de naissance.

Quand même nos abeilles réussiraient à se débarrasser de leur vêtement d'emprunt, elles trahiraient encore leur origine, en rentrant à une heure où personne, dans les autres ruchées, ne rentre, parce que personne n'est encore sorti.

125. L'essaim secondaire ruine la souche. — L'expérience m'a constamment démontré que les essaims secondaires causent souvent la ruine des souches. Sur vingt ruchées qui auront essaimé deux fois dans une année ordinaire, la moitié au moins se trouvera, à l'automne, sans provisions suffisantes. Quelques-unes perdront leur mère et deviendront la proie de la fausse-teigne. On peut estimer à un cinquième le nombre des ruchées qui deviennent orphelines par suite d'un second essaimage. Cet accident arrive surtout à celles dont les gâteaux sont anciens, et à celles qui, contrariées par le mauvais temps, ne donnent l'essaim secondaire qu'après le douzième jour à partir de la sortie du primaire. La ruchée qui a fourni deux essaims n'est plus en état d'augmenter ses provisions : le nombre des ouvrières est trop réduit ; les faux-bourdons, toujours nombreux dans ce cas, consomment beaucoup ; de plus, la ponte abondante de la nouvelle mère nécessite une grande dépense de miel, et la nouvelle population ne verra le jour qu'à l'époque où la campagne, dépouillée de ses fleurs, n'offrira plus aucune espèce de ressources. De toutes ces causes, il résultera que cette ruchée, qui était encore lourde en juin, n'aura plus que la moitié de ses approvisionnements en septembre. Le seul cas où une ruchée puisse essaimer deux fois sans trop d'inconvénient, c'est quand il lui reste, au printemps, une réserve qui puisse suppléer au manque de l'année courante. Il faut donc empêcher la formation de tout essaim secondaire ou, s'il s'en est formé un, le réunir à sa souche.

126. **Empêcher l'essaim secondaire.** — Un moyen d'empêcher la formation de l'essaim secondaire, moyen qui réussira au moins neuf fois sur dix, c'est de mettre l'essaim primaire à la place de la souche et celle-ci à une place vacante de l'apier, en se conformant aux prescriptions de l'art. 105. La mutation doit se faire le jour même ou le lendemain de l'essaimage primaire.

Il y a un second moyen, connu en Champagne, qui réussira souvent; je l'ai employé une année, et aucune des ruchées sur lesquelles je l'ai tenté n'a fourni d'essaim secondaire, tandis que presque toutes les autres en ont donné. Ce moyen consiste à détruire les faux-bourdons au berceau, le jour même de la sortie de l'essaim primaire, ou les trois jours suivants, au plus tard. Pour y parvenir, on renverse la ruche comme si on devait y prendre du miel. On écarte les abeilles avec de la fumée pour reconnaître les cellules à bourdons, très-faciles à distinguer des cellules d'ouvrières. Souvent le même gâteau en renferme des deux espèces; mais les cellules à bourdons dépassent les autres de trois millimètres; il n'y a pas de méprise possible pour l'observateur attentif. Les cellules à bourdons étant reconnues, on enlève avec un couteau bien aiguisé, la pellicule qui les ferme, de façon à découvrir la tête des jeunes bourdons. En ne faisant qu'ouvrir la cellule, on ne craint pas d'endommager le couvain d'ouvrières qui pourrait se trouver dans le même gâteau, puisque le couteau n'enlève tout au plus que l'épaisseur de deux millimètres, et que les cellules à bourdons dépassent les autres de trois millimètres environ (35). On remet ensuite la ruche à sa place. Aussitôt les abeilles se mettent à l'œuvre : elles retirent des cellules les bourdons mis à découvert, et dont la tête est endommagée. Vous les voyez traîner leurs cadavres hors de la ruche et s'en débarrasser au plus vite.

Je vois un double avantage dans cette pratique : d'abord on empêche souvent la sortie de l'essaim secondaire, ensuite on débarrasse la ruchée de beaucoup de bouches inutiles qui lui seraient à charge dans un avenir prochain.

Pour prévenir la sortie de l'essaim secondaire, des apiculteurs conseillent, les uns, de mettre une hausse sous la souche, après le départ de l'essaim primaire; les autres, d'enlever toutes les cellules maternelles, moins une. Le premier moyen n'est bon que pour prévenir l'essaim primaire, la hausse n'empêchera que bien rarement l'essaim secondaire. Le second moyen est impraticable ; comment trouver et détruire toutes les cellules maternelles ? Pourrez-vous voir celles qui sont cachées sous les rayons ou dans le fond de la ruche ? Après de nombreux essais, je ne crois pas plus à l'efficacité du premier moyen qu'à la possibilité du second.

M. Huillou recommande un troisième moyen qui consiste à donner à la souche une jeune mère non fécondée.

Voici ce que je puis dire à ce sujet. Le 23 juin 1860, une de mes fortes ruchées donne un essaim primaire ; celui-ci, après sa mise en ruche, va prendre la place de la souche, et celle-ci va occuper la place d'une colonie excessivement peuplée (117) ; grâce aux ouvrières de la ruchée dont elle occupe la place la souche devient la plus forte de l'apier. Le 25 juin, vers la nuit, je présente à la porte de la souche une mère âgée de trente-six heures, mère que j'avais conservée sous verre avec une cinquantaine d'ouvrières. Cette mère entre avec une telle précipitation que les gardes ne s'en aperçoivent pas. Elle a été acceptée et la souche n'a pas essaimé. C'est le seul essai que j'aie fait sur une souche d'essaim naturel. Ayant tenté au moins quatre ou cinq fois de faire accepter de jeunes mères par des souches d'essaim artificiel, j'ai toujours échoué, les mères ont été tuées et les souches ont donné des essaims secondaires (143.)

Une mère, dans un étui, mise en rapport avec les abeilles de la souche, serait probablement acceptée après un ou deux jours de prison, et empêcherait l'essaim secondaire. (Voyez l'article 25, page 36).

127. Empêcher infailliblement l'essaim secondaire. — Couvrez d'un plancher mince une hausse en paille ou en bois ; au centre du plancher, pratiquez un trou de 8 à 9 centimètres d'ouverture en tous sens ; placez sur cette ouverture la grande grille en tôle, figure 6. La hausse ainsi disposée est mise à la place et par-dessous la souche dont on veut empêcher l'essaim secondaire. Ce n'est pas tout, dressez à la porte de la hausse la petite grille aussi en tôle, figure 7. Voilà nos deux appareils en place, voyons comment ils fonctionneront. La grande grille donne un passage facile aux ouvrières et à l'abeille mère, mais elle ne permet pas aux bourdons de descendre dans la hausse et de venir obstruer la petite grille : ils sont prisonniers dans la souche. Les trous de la petite grille, trop étroits pour le passage de l'abeille mère, suffisent à celui des ouvrières ; la mère peut donc descendre dans la hausse, mais elle ne peut pas sortir au dehors et ni, par conséquent, accompagner l'essaim qui serait tenté de s'échapper.

Le premier jour, à la vérité, il y a timidité, hésitation, embarras de la part des ouvrières pour franchir le passage ; mais le second jour, elles manœuvrent avec autant de célérité que d'adresse, elles ne perdent pas une seule charge de pollen. Il en serait autrement si les trous de la petite grille, au lieu d'être longs, étaient ronds, les ouvrières perdraient au passage tout ce qu'elles porteraient aux pattes.

La petite grille sera toujours placée de manière à ce que les trous soient horizontalement dans le sens de leur longueur, et non pas verticalement, ce qui leur donnerait l'inconvénient de trous ronds.

On ne doit mettre sous la souche, la hausse avec les deux grilles, qu'à partir du moment où la mère chante, mais il faut l'enlever dès qu'on n'entend plus son chant, parce que l'essaimage n'est plus à craindre.

C'est toujours dans la hausse que l'on trouve mortes les mères surnuméraires.

Chaque trou de la grande grille mesure 5 millimètres

10 centièmes de largeur, sur 13 millimètres 25 centièmes de longueur; et les trous de la petite grille ne mesurent que 4 millimètres 15 centièmes de largeur sur 13 millimètres 25 centièmes de longueur.

La tôle (épaisseur d'un demi-millimètre), perforée selon les dimensions précitées, se trouve à Paris, maison Calard, Brière et Cie, 8, rue Leclerc (faubourg Saint-Jacques). Elle se vend à raison de 5 francs 50 centimes le mètre carré.

On peut aussi se procurer cette tôle chez Veber, fabricant de toile métallique, à Nancy, rue de la Visitation.

En tenant compte des pertes de découpure, le mètre carré fournirait environ 80 échantillons de la grande grille et plus de 200 de la petite.

Je n'ai pas besoin de dire que la perforation, étant exécutée mécaniquement, est d'une parfaite précision. Le numéro de perforation de la petite grille porte 35, et celui de la grande grille, 36.

Avec ces indications, acheteur et vendeur s'entendront facilement.

Pour la grande grille, j'aimerais mieux des trous n'ayant que 4 millimètres 80 ou 90 centièmes de largeur; mais il paraît que cette dimension n'existe pas dans le commerce.

128. **Indices de la fin de l'essaimage.** — Pendant tout le temps que dure l'essaimage, vous remarquez un grand mouvement dans l'apier ; les ouvrières se pressent, les unes d'aller à la campagne, les autres d'en revenir; c'est un travail actif, vigoureux, de moissonneuses qui ne veulent laisser rien dépérir dans les champs. Mais quand, à cette grande activité, succède une espèce de relâche et de repos, quand les abeilles paraissent moins empressées pour le travail et qu'elles rapportent peu de pollen, c'est que la saison des essaims touche à son terme. Peut-être quelques essaims aventureux, des essaims secondaires surtout, voudront-ils

encore, en enfants insoumis, abandonner le toit maternel ;
mais hâtez-vous de les réunir à la souche ou à une autre
ruchée. Enfin, il arrive un moment où les abeilles font une
guerre générale et acharnée aux bourdons devenus inutiles,
ou plutôt à charge à la communauté, ce moment, facile à
saisir, indique que non-seulement c'en est fait pour les essaims, mais encore que le miel fait défaut à la campagne.
La récolte est à peu près terminée et malheur aux derniers
essaims et aux ruchées qui ont essaimé deux fois, si essaims
et ruchées n'ont pas leurs provisions d'hiver ! Cependant,
à une guerre générale succède quelquefois une trève plus
ou moins longue ; c'est que le temps a changé, et que la
campagne fournit de quoi vivre (31).

129. **Bruissement différent après l'essaimage.** — Le
bruissement des colonies très-peuplées, qui se disposent à
essaimer, est tout différent du bruissement des populations
très-fortes après la saison des essaims : dans le premier cas,
i lest plus éclatant ; dans le second, plus sourd. Pendant
l'essaimage, les ruchées qui barbent font entendre le premier
bruissement ; après l'essaimage, elles font entendre le second.

Il y a plus, vous remarquez au printemps une ruchée
très-peuplée, vous en attendez votre premier essaim ; mais
lorsqu'elle est prête à le donner, une grande sécheresse,
des pluies, des froids surviennent, alors les mères au berceau sont détruites, et il n'y a plus d'essaim à espérer de
cette colonie ; alors le bruissement n'est plus le même, il
est moins bruyant. Ainsi cette ruchée de premier ordre
n'essaimera pas, tandis qu'une autre de second ordre le
fera, si la saison redevient bonne au moment où elle sera
prête à donner son essaim.

8

CONSIDÉRATIONS SUR L'ESSAIMAGE.

130. Avantage de l'essaim fort sur le faible. — Le même jour, nous avons trois essaims, et chaque essaim pèse 2 kilog.; le soir même, au coucher du soleil, nous en réunissons deux dans la même ruche ; nous laissons le troisième en l'abandonnant à sa fortune. La population de la première ruche est immense, il faut ajouter une hausse pour loger ce grand peuple. La population de la seconde est une population ordinaire. Celle-ci amassera-t-elle, par exemple, un kilogramme de miel dans le même temps que la première en amassera deux ? Cela semblerait naturel, car dans un temps donné, un ouvrier doit faire moitié de ce qu'en font deux. Cependant, les faits sont ici en opposition avec ce raisonnement, l'essaim doublé aura en magasin trois kilogrammes de miel, quand l'autre en aura à peine un. Remarquons que ce calcul est plutôt affaibli qu'exagéré, c'est-à-dire que l'essaim doublé travaillera encore dans une proportion plus grande. L'expérience est facile, seulement pesez les ruchées avec soin, et ne vous contentez pas d'un simple coup d'œil.

Vous voyez maintenant combien il est avantageux de mélanger même les essaims primaires. Il faudrait que l'année fût bien mauvaise pour qu'ils ne réussissent pas ; et dans les bonnes années, ils gagneront un poids étonnant. En pratiquant la réunion, on s'abandonne le moins possible au hasard des saisons.

131. La souche d'un essaim donne peu de miel. — Dans nos contrées, les abeilles n'ont pas la ressource du sarrasin et de la bruyère ; elles n'amassent pas de grandes quantités de miel. Quand les ruchées de premier ordre en amassent dix kilogrammes, non compris celui de leurs essaims qu'on peut estimer à la même quantité, et quand les ruchées de

second ordre en amassent sept ou huit et leurs essaims autant, nous sommes contents et nous appelons cela une bonne
année. D'après ces données, on voit que, même dans les
bonnes années, les ruchées qui essaiment donnent peu de
miel, puisqu'il en faut sept ou huit kilogrammes pour leurs
provisions d'hiver. Que sera-ce donc dans les années ordinaires ? Il n'y aura que les plus fortes colonies qui pourront
essaimer utilement. Toutes les autres, à moins qu'elles
n'aient conservé de bonnes réserves de l'année précédente,
se ruineront en donnant des essaims, et ceux-ci seront aussi
malheureux que leurs souches. J'entends souvent dire par
les uns : J'ai beaucoup d'essaims, mais peu de miel ; par les
autres : J'ai beaucoup de miel, mais peu d'essaims. Eh
bien ! soyez sûr que le propriétaire qui a eu beaucoup d'essaims, avait incontestablement le meilleur apier au printemps, et aurait eu bien plus de miel que le second, s'il eût
empêché d'essaimer ses ruchées de second ordre. C'est n'a-
voir pas l'expérience des abeilles que de prétendre obtenir
de la même ruchée, à la fois, un essaim et du miel.

132. **Produit de deux ruchées, dont une a essaimé.** —
Dans cette question, il s'agit d'apprécier au juste et de comparer le produit de deux ruchées dont une seulement a
essaimé. Mes recherches à cet égard ont été faites avec la
plus grande attention ; je vais en donner le résultat cons-
ciencieux. Au printemps, vous avez deux paniers à peu près
égaux pour le poids, l'âge et la population ; tous deux ont
les mêmes chances de succès. L'un donne un essaim qui est
recueilli et logé à part ; l'autre n'essaime pas, parce que
vous lui donnez à temps une hausse pour continuer ses
constructions (83). Vérifiez les produits à la fin de la récolte.
D'une part, pesez la souche et son essaim, tenez compte du
poids de la cire, des abeilles et des paniers ; la soustraction
faite, vous savez le poids total du miel qui se trouve dans

les deux. D'autre part, prenez le poids brut de la ruchée qui n'a pas essaimé, défalquez aussi le poids du panier, des abeilles et des gâteaux, pour avoir le poids de son miel. Comparez ce poids au total que vous aviez tout à l'heure, et vous trouverez, à votre grande surprise, que cette dernière a amassé, à elle seule, plus de miel que les deux autres ensemble, et que la différence sera de un à trois kilogrammes (1). Donc, lorsqu'un apier est suffisamment garni de ruchées, il ne faut permettre l'essaimage qu'aux plus fortes, et uniquement dans le but de remplacer celles qui périssent par accident, et celles encore qu'on supprime pour cause de vieillesse ou de caducité.

133. Est-il avantageux qu'une ruchée essaime ? — On ne peut espérer à la fois de la même ruchée un essaim et du miel (2), nous l'avons dit à l'art. 131 ; une colonie forte qui n'essaime pas, amassera, à elle seule, plus de miel que n'en amasseront ensemble une souche et son essaim, c'est encore ce que nous avons établi dans l'art. 132 ; il y a donc pour l'année même, désavantage et perte évidente. Mais un propriétaire doit consulter l'avenir autant que le présent, et sous ce point de vue, une ruchée lourde et forte qui essaime, lui présente de grands avantages pour l'année suivante. Observons les travaux de deux paniers également peuplés,

(1) La différence se réduira à peu de chose, peut-être même sera-t-elle en faveur de l'essaim et de la souche, si la récolte du miel se prolonge jusqu'en août ; mais elle sera de deux à trois kilogrammes, si, quinze jours ou trois semaines après l'essaimage, les abeilles ne trouvent plus à se nourrir. C'est ce qui arrive trop souvent chez nous.

(2) Dans les montagnes des Vosges et les pays où se pratique l'apiculture pastorale, c'est-à-dire, le transport des abeilles à la bruyère et au sarrasin, il arrive souvent que la même ruchée donne un essaim et encore du miel. Aussi, pour ces contrées, l'essaimage est presque toujours avantageux.

également approvisionnés. Le premier donne un bel essaim ;
le second, pour une cause quelconque, n'en donne point ;
voyons l'histoire de chacun Le premier, après avoir donné
son essaim, est dans une position difficile, il a perdu peut-
être les deux tiers de sa population ; les travaux s'en ressentent ; les provisions n'augmentent plus que dans une faible
proportion, et, à la fin de la campagne, il n'aura peut-être
que le nécessaire pour la mauvaise saison ; mais ce qu'il
a perdu d'un côté, il l'a gagné de l'autre ; il a réparé la
perte de sa population et au printemps prochain, vous le
compterez encore parmi vos bonnes ruchées.

L'histoire du second panier n'est pas moins intéressante :
il n'a pas essaimé, sa population est excessive ; cependant,
elle ne reste pas dans l'oisiveté, comme beaucoup de gens
le pensent ; le soir et le matin elle se tient en dehors de la
ruche ; mais pendant la journée, elle travaille et amasse
beaucoup ; le poids de la ruche augmente sensiblement tous
les jours ; il faut ajouter un chapeau ou une hausse pour suffire à l'abondance de la récolte ; en un mot, tout va bien
jusqu'ici ; mais à l'automne, la famille a plutôt diminué
qu'augmenté, et au printemps suivant, elle ne paraît guère
plus nombreuse que celle du premier panier.

La conclusion à tirer de l'histoire de nos deux ruchées,
c'est que dans les années ordinaires, les colonies fortes pro-
curent un grand avantage en essaimant ; à la vérité, elles
ne donnent pas de miel ; mais on s'en trouve dédommagé
l'année suivante ; car alors, on a deux bonnes colonies au
lieu d'une, on a l'essaim et la souche.

Dans les années mauvaises, il est toujours regrettable
qu'une ruchée essaime ; lorsque cela arrive, les provisions
de la souche diminuent tous les jours ; l'essaim n'amasse que
peu de chose, et comme il est dénué de tout approvisionnement, sa population disparaît comme par enchantement ;

8.

de sorte que le seul moyen de sauver la souche et l'essaim, c'est de les réunir à une autre ruchée.

Observations. — Nous avons vu, art. 88, qu'une colonie lourde et forte, que l'on substitue à une colonie faible, a bientôt réparé la perte de sa population. Nous constaterons le même fait, art. 138, pour la ruchée qu'on a déplacée pour y substituer celle dont on a tiré un essaim artificiel. Eh bien! la même chose a lieu dans les colonies qui ont essaimé dans de bonnes conditions de miel et de population : elles se repeuplent d'une manière merveilleuse, elles redeviennent presque aussi fortes qu'elles l'étaient avant l'essaimage, les abeilles qui la composent semblent ne plus avoir qu'une pensée, celle d'augmenter les membres de leur famille. Aussi, j'ai cru remarquer que le couvain en juillet était plus nombreux dans ces ruchées que dans celles qui, quoique très-fortes, n'avaient pas essaimé. La population de ces dernières reste à peu près la même, tandis que dans les autres elle augmente sensiblement tous les jours.

134. Est-il avantageux d'avoir des essaims? — Cette question est en partie résolue par tout ce que nous venons de dire. Ici, comme dans beaucoup d'autres choses, la vérité se trouve entre les extrêmes. Les essaims forts et précoces réussissent presque toujours ; ils seront, l'année suivante, l'espoir et l'orgueil du propriétaire. Il faut des essaims pour réparer les pertes inévitables qu'on peut estimer sans exagération à quinze pour cent. J'entends par pertes inévitables, des ruchées qui dépérissent, soit par suite de l'hiver, soit même en été, pour des causes souvent inconnues. Ainsi, en supposant qu'on ne veuille pas augmenter son apier, il faut toujours des essaims pour remplacer les ruchées qui périssent. Les bons essaims sont donc avantageux et nécessaires pour augmenter et même pour conserver un apier ; mais les essaims faibles ou tardifs causent des pertes sans compensation. Les trois quarts du temps, ils n'amassent qu'une faible portion de leurs approvisionnements ; c'est une richesse apparente qui se réduira presque à rien, attendu que, après avoir affaibli les souches, on sera encore obligé d'en réduire le nombre pour les réunir en automne. Un apiculteur bien avisé ne négligera jamais, au moment de l'essaimage, de doubler tous les essaims faibles ou tardifs ; il ferait encore mieux de prévenir leur sortie en donnant des hausses à temps. J'appelle essaims tardifs, tous ceux qui viennent à une époque où l'on voit déjà d'autres essaims qui ont amassé deux ou trois kilogrammes de miel. Un essaim du 1er juin sera précoce dans les années tardives, et il deviendra tardif dans les années précoces.

ESSAIMAGE FORCÉ DES ABEILLES.

135. **Essaim artificiel.** — L'essaim naturel se compose
d'un groupe d'abeilles qui se séparant de la famille, l'abandonne pour aller s'établir ailleurs , et former une autre famille. Ce que les abeilles font par instinct, l'homme le crée
par l'art. Moyennant certaines conditions et en suivant certaines règles, d'une peuplade, il en fera deux, et le résultat
de cette opération s'appellera essaim artificiel. Ainsi, *un
essaim artificiel se compose d'un certain nombre d'abeilles
que l'homme sépare violemment de la famille, pour en
faire une autre famille.* Il a réussi dans son œuvre, si chaque peuplade est pourvue d'une mère, ou possède les moyens
de s'en procurer.

La portion d'abeilles où se trouve l'abeille mère s'appelle
essaim artificiel, essaim forcé : l'autre portion, qui n'a
plus que des mères au berceau ou du couvain d'ouvrières
susceptibles de devenir mères, s'appelle *souche d'essaim
artificiel,* ou simplement *souche forcée.*

Pendant la saison des essaims, les colonies lourdes et bien
peuplées ont souvent des mères au berceau. Si on retire de
ces colonies la mère et une bonne partie de la population,
il est clair que dans ce cas les abeilles pourront facilement
remplacer leur mère. Mais si les jeunes mères manquent, il
reste encore aux abeilles une ressource supplémentaire ; elles
agrandiront la cellule d'un ver destiné à donner une abeille
ouvrière (20) ; elles donneront à ce ver privilégié une nourriture particulière, le mets des dieux enfin (44), et douze jours
après, chose admirable, du sein du peuple, sortira une reine
de bon aloi, sinon de bonne condition ; et sa royauté en vaudra une autre de plus haute naissance. Remarquons cependant que les abeilles ne recourent à ce moyen qu'à défaut de
race royale.

136. **Essaim par transvasement.** — La méthode de faire l'essaim artificiel par transvasement est applicable à toutes les formes de ruche.

Après avoir enfumé légèrement les abeilles pour les maîtriser, vous transportez la ruche à quelque distance et à l'ombre, s'il est possible , puis , l'ayant renversée sens dessus dessous, vous l'établissez sur un objet quelconque, de manière qu'elle ne puisse vaciller, et que vous l'ayez à votre portée. Ainsi disposée à ciel ouvert, on la recouvre d'une ruche vide. On assujétit et on serre les deux ruches l'une contre l'autre avec de la ficelle ; toutes les ouvertures capables de donner passage aux abeilles sont soigneusement fermées au moyen d'une serviette que l'on passe en cravate autour des deux ruches, à leur point de réunion. Ces dispositions prises, et c'est l'affaire de deux minutes , vous frappez avec vos doigts ou de petites baguettes sur toute la surface de la ruche pleine, en bas et tout au tour, et cela pendant huit à dix minutes ; les coups seront précipités, mais modérés, afin de ne pas détacher les gâteaux. C'est un vrai tambourinage qui inquiète les abeilles, et les engage à chercher un asile dans la ruche du dessus. Elles y montent, la mère les suit ; un vigoureux bourdonnement accompagne toujours ce déménagement. D'abord faible et partiel, il devient bientôt bruyant et général ; c'est l'indice que les abeilles se dirigent en masse vers la ruche vide ; quelques minutes encore et l'émigration sera suffisante. Il y aura presque certitude d'avoir attiré dans la ruche vide, la mère et la majeure partie des ouvrières, quand le bourdonnement se fait entendre plus fortement dans celle-ci que dans celle du bas. Dès lors, vous séparez vos ruches sans secousse, et vous portez l'essaim sur l'apier à quelque distance de la souche et vous mettez celle-ci à sa place ordinaire, pour recevoir les abeilles qui reviennent des champs.

Une demi-heure ou une heure après, vous saurez à quoi vous en tenir sur le succès de l'opération. Si la mère se trouve dans l'essaim, les abeilles seront dans un repos absolu ; soyez alors fier de votre œuvre, car vous avez réussi. Mais si elle ne s'y trouve pas, il y aura désordre et confusion ; les abeilles, comme folles, parcourront en tous sens l'intérieur de la ruche ; puis elles sortiront une à une pour ne plus rentrer. Voyez ensuite le contraste que présente la souche : les travaux continuent, nulle inquiétude au dehors ; vous remarquez, au contraire, bon nombre d'abeilles agiter leurs ailes à l'entrée ; sans aucun doute, ce sont celles qui viennent de l'essaim et qui témoignent ainsi, à leur manière, toute la joie qu'elles ressentent de retrouver une mère qu'elles croyaient perdue. Pour cette fois, vous avez échoué, car la mère n'étant pas avec l'essaim, toute la peuplade reviendra à la ruche et bientôt la famille, que vous avez tenté de diviser, sera toute réunie dans la souche. Ne vous découragez pas cependant, vous pouvez faire une seconde tentative le lendemain et les jours suivants, et j'ose dire que vous serez bien malheureux ou bien maladroit, si vous échouez encore. Une personne ayant l'habitude de ce transvasement a rarement besoin de recommencer l'opération.

Le transvasement des ouvrières ira plus vite, et celui de l'abeille mère sera plus assuré, avec le moyen suivant :

On pratique au sommet de la ruche, dont on veut transvaser les abeilles, un trou de cinq à six centimètres d'ouverture en tous sens ; on fixe sur le trou une toile métallique à mailles assez étroites (de deux à trois millimètres d'écartement) pour empêcher les abeilles de passer, quand la ruche est renversée sens dessus dessous.

On place au-dessous du trou un réchaud quelconque avec du chiffon allumé, afin que la fumée pénétrant par le trou dans la ruche pleine, chasse les abeilles et les force à monter plus vite dans la ruche vide.

Enfin, veut-on extraire de la souche, toutes les abeilles, moins quelques-unes ? Dès que le bruissement est bien déterminé et que la plus grande partie de la population est montée dans la ruche vide, il suffit de déplacer cette dernière en la reculant en arrière et de l'établir sur la ruche pleine de la même façon que la ruche, fig. 11, est établie sur la hausse, fig. 12. Les abeilles restées dans la souche, entendant le bruissement, ne tardent pas à monter avec les autres ; mais on ne doit pas cesser de tapoter et de les chasser avec la fumée vers la ruche vide.

137. L'essaim remplace la souche ; celle-ci, une ruchée forte. — Nous avons remis provisoirement la souche à sa place ordinaire, et l'essaim à quelque distance sur l'apier ; mais quelques heures après, lorsque la tranquillité absolue de l'essaim nous aura donné la certitude que la mère s'y trouve, nous le rapporterons à la place de la souche ; nous mettrons celle-ci à la place d'une ruchée lourde et forte en population ; et, enfin, cette dernière, nous la placerons à quelque distance dans l'apier.

Observations. — Deux fois, j'ai été témoin d'un accident qui est arrivé immédiatement après le transvasement, c'est que la mère, quoique dans l'essaim, l'a abandonné pour se jeter dans une colonie étrangère. Pour prévenir cet accident, on ferait peut-être bien de tenir l'essaim prisonnier pendant une heure ou deux pour acclimater la mère dans la nouvelle ruche.

Gardez-vous bien de faire ces sortes d'essaims par une grande chaleur ; vous vous exposeriez à voir les gâteaux se détacher et tomber les uns sur les autres. Il y a grande chaleur, quand le thermomètre centigrade marque vingt-cinq degrés à l'ombre. Si les gâteaux sont bien assujétis par des baguettes transversales, le degré de chaleur indiqué plus haut ne devra pas être un obstacle.

Ne faites encore ces essaims que par une belle journée, lorsque les abeilles vont à la campagne, depuis neuf heures du matin jusqu'à trois heures du soir ; vous serez plus sûr d'attirer la mère dans la ruche vide.

Avant de commencer le transvasement, vous ferez bien de mettre à la place de la souche une ruche vide pour retenir et amuser les abeilles restées sur le plateau, ainsi que celles qui reviendront des champs ; vous feriez encore mieux, si vous frottiez, avec quelques gouttes de miel, les parois intérieures de cette ruche ; avec cette précaution, vous n'aurez pas à craindre que les abeilles se jettent en étourdies dans les ruchées voisines.

Ces essaims n'emportant aucune provision, il est nécessaire de les nourrir même dès le lendemain, quand le temps devient mauvais.

138. L'essaim, la souche, la ruchée forte, leur histoire. — L'histoire de l'essaim nous est déjà connue ; elle se trouve dans l'article 105. L'essaim, vers le coucher du soleil, ayant presque toute la population de la souche, remplira entièrement une ruche jaugeant de 18 à 20 litres ; il lui suffira de douze ou quinze jours d'une récolte ordinaire pour faire ses vivres.

Voici l'histoire de la souche. Elle reçoit, le jour même, un grand nombre d'abeilles de la ruchée forte, dont elle occupe la place. Ces abeilles arrivent avec la confiance de gens qui croient rentrer chez eux ; mais bientôt elles montrent de l'hésitation, quelques-unes ressortent de la ruche, s'envolent et reviennent. Cette hésitation, mêlée d'inquiétude, dure pendant toute la journée ; du reste, on ne voit aucun combat ; le lendemain, l'entente est aussi cordiale, aussi intime que possible. Les abeilles, quelques heures après la séparation de l'essaim, se mettent à l'œuvre pour réparer la perte de leur mère. Elles en élèvent au moins trois ou quatre. Quand la ruche est médiocrement peuplée, la première abeille mère sort de sa cellule onze jours douze heures environ après la séparation, et détruit presque immédiatement ses rivales. Avec un peu d'attention, on verra leurs cadavres tombés en avant de la ruche. Quand, au contraire, la population est forte, les jeunes mères sont retenues prisonnières dans leurs alvéoles, de la même manière que pour les essaims secondaires. Dans ce cas, elles font entendre leur chant le treizième jour après la séparation (1), et le quatorzième, mais plus souvent le quinzième jour, il sort de la ruche un essaim tout aussi capricieux qu'un essaim secondaire, sortant et rentrant peut-être plusieurs fois avant de se fixer définitivement. Un tel essaim est un accident fâcheux, il faut le rendre à la souche le lendemain matin. Mais, au lieu d'attendre sa sortie, on fait mieux de la prévenir en faisant l'essaim selon les prescriptions de l'art. 119. Comme dans le cas présent, toutes les mères sont arrivées à terme (ce qui n'existe pas pour le cas de l'art. 119), on peut enlever une cellule maternelle, l'ouvrir et donner la mère à l'essaim. De cette façon, on est sûr que les abeilles du transvasement ont au moins une mère. C'est le quinzième jour seulement qu'on fait l'essaim, attendu qu'il choisit rarement le quatorzième pour son départ volontaire.

Si le chant des mères ne se fait pas entendre treize jours pleins, après que l'essaim aura été fait artificiellement, il n'y a plus à craindre que la ruchée essaime. Pour plus de détails, voyez l'art. 21.

---

(1) J'ai entendu des mères chanter avant le treizième jour, mais c'étaient des mères qui, au moment de l'essaimage forcé, étaient au berceau, et non des mères provenant de larves d'ouvrières.

9

Il nous reste maintenant à voir ce qui se passe dans le panier qui a cédé sa place à la souche de l'essaim artificiel. Dans les premiers jours, il se dépeuple étonnamment, les ouvrières retournent à leur ancienne place et entrent, sans beaucoup de difficulté, dans la souche. Pendant cinq ou six jours, vous ne voyez plus rentrer personne, cependant, le peu d'abeilles qui reste ne perd pas courage. On prend en famille le parti violent, mais décisif, de se débarrasser des bouches inutiles, en tuant les faux-bourdons. Quelquefois on est moins sévère, on les laisse vivre. La ruche paraît tellement dépourvue de population, qu'on pourrait regretter de l'avoir déplacée ; heureusement, elle ne tarde pas à se ranimer et à travailler avec une ardeur sans égale à réparer ses pertes, et un mois après, on la trouve presque aussi peuplée que les meilleures ruchées. On ne le croirait pas si l'expérience ne l'attestait d'une manière décisive.

Si la population s'accroît si merveilleusement, le poids de la ruche n'augmente pas sensiblement, si ce n'est dans une année où la bonne saison se prolonge ; aussi ne choisissez pour cette opération que des ruchées très-fortes et grandement munies de provisions d'hiver.

139. Couvain operculé dans la souche de l'essaim. — La souche d'un essaim forcé n'aura de couvain operculé que trente-un ou trente-deux jours après son essaimage, et pour cela, il faut que la mère n'éprouve pas un seul jour de retard pour sa fécondation. Si des pluies ou des froids prolongés ne lui permettent pas de sortir au moment où elle peut être fécondée, la ponte sera retardée d'autant, et le couvain operculé ne sera visible que vers le quarantième jour. En visitant les souches d'essaims forcés quarante-cinq jours après leur essaimage, on devra donc y trouver du couvain d'ouvrières, œufs, larves, nymphes, ou elles n'en auront jamais. Il faut démolir ou réunir à d'autres ruchées celles qui n'en auront point ou qui n'auront que du couvain de bourdons.

Nous avons vu, art. 125, qu'on peut estimer à un cinquième le nombre des ruchées qui deviennent orphelines par suite d'un second essaimage naturel. La même proportion existe pour les souches d'essaims forcés. Telle année on verra beaucoup de ces souches devenir orphelines, telle autre année on en verra peu, ce n'est pas que les mères leur fassent défaut, car elles en élèvent toujours au moins trois ou quatre. Ainsi, en 1858, deux souches d'essaims forcés sont devenues orphelines, quoique douze jours après leur essaimage, j'eusse compté quatre mères mortes devant chacune de ces ruchées.

140. Essaim forcé par division. — 1re *méthode.* — La première méthode de faire un essaim forcé par division ne peut être pratiquée que sur des ruches à hausses. Une très-forte population, une ruche composée de quatre hausses pleines, et pesant brut de vingt à vingt-deux kilogrammes, voilà ce qu'il faut pour tenter de faire un essaim artificiel selon la première méthode. Ce serait témérité que d'agir en dehors de ces conditions, on s'exposerait à perdre les souches et les essaims.

L'essaim se fera entre cinq et sept heures du soir ; voici comment : on enlève d'abord, avec la pointe d'un couteau, tout le pourget qui se trouve entre la hausse supérieure et celle qui la suit ; on arrache les pointes ou les chevilles qui pourraient relier ces deux hausses entre elles, afin que le fil de fer dont on va se servir n'éprouve d'autres obstacles que ceux qui pourraient provenir des gâteaux. L'ouverture du couvercle est ensuite débouchée. On lance par cette ouverture de bonnes bouffées de fumée, autant pour forcer les abeilles à descendre dans les hausses inférieures, que pour prévenir leur fureur qui deviendrait extrême si on négligeait cette précaution ; à l'instant même, on passe un fil de fer entre la hausse supérieure et la suivante. Deux personnes ne sont pas de trop pour cette opération : l'une tiendra la ruche, tandis que l'autre tirera le fil de fer, lequel, autant que possible, sera dirigé de façon qu'il agisse en même temps sur tous les gâteaux, c'est-à-dire qu'il ne faut pas les attaquer de flanc. On peut voir, par l'ouverture du couvercle, dans quelle direction ils sont placés. Dès que les gâteaux sont coupés, une des personnes soulève la hausse supérieure pendant que l'autre place une hausse vide dessous ; on calfeutre toutes les ouvertures qui pourraient donner passage aux abeilles. On laisse la ruche en cet état pour la nuit, afin de donner aux abeilles le temps de remonter, de sucer le miel et de réparer les brèches faites à leurs édifices.

Le lendemain, de cinq à sept heures du matin, on souffle d'abord un peu de fumée par l'entrée ; puis on s'arrête pour donner aux mouches le temps de se mettre en mouvement ; on recommence à souffler, et on s'arrête encore quelques instants ; c'est l'affaire de huit à dix minutes pour les faire monter dans la hausse vide, si déjà elles n'y sont montées. On enlève alors les deux hausses supérieures, que l'on place sur un plateau à quelque distance de la souche. Cette nouvelle ruche, composée de deux hausses et où la mère se trouve très-probablement, nous l'appellerons l'*essaim*. Sans perdre de temps, on recouvre les trois hausses inférieures d'un couvercle dont il faut à l'instant même calfeutrer le pourtour. Ces trois hausses, qui sont restées en place, nous les nommerons *souche*. Tout est terminé pour le moment. La question est de savoir si on a réussi ; on le saura deux ou trois heures après. Examinez l'essaim ; si les abeilles paraissent dans un repos parfait, c'est que la mère s'y trouve ; l'essaim a réussi. On le portera à la place de la souche ; celle-ci, à la place d'une ruche lourde et forte, et cette dernière, à quelque distance dans l'apier. Dans aucun cas, il ne faut séparer la souche de son plateau ; les gâteaux n'étant plus attachés au plafond, le moindre dérangement, le moindre choc, les ferait incliner ou tomber.

Nous venons de dire qu'on a réussi si les abeilles de l'essaim sont calmes ; mais quand elles sont visiblement inquiètes, et qu'elles quittent la nouvelle ruche par groupes continus de trois ou quatre, il est certain qu'on a échoué ; la mère est restée dans la souche. Dans ce cas, sans différer un instant, on enlèvera le couvercle de la souche et sur celle-ci, on replacera l'essaim manqué. Le jour suivant, on recommencera l'opération.

141. Histoire de l'essaim et de la souche. — Avec la première méthode *par division*, dont nous venons de parler, on partage à peu près les provisions en deux parties égales. L'année serait bien mauvaise, si l'essaim et la souche ne les complétaient pas. Dans une année passable, l'essaim aura besoin d'une hausse ou d'une calotte qu'on lui donnera huit ou quinze jours après. Si l'année est favorable et qu'on veuille en profiter pour augmenter le nombre de ces ruchées, on pourra procéder à la formation de nouveaux essaims sur les colonies de second ordre. Dans ce cas, on mettra les nouvelles souches à la place des premiers essaims et de leurs souches pour en recevoir la population. (Voyez l'art. 150.)

142. Essaim forcé par division. — 2ᵉ *méthode.* — La seconde manière de faire des essaims artificiels par division ne peut convenir qu'à des ruches composées de deux hausses seulement ; il faudra donc, à l'automne ou en mars, réduire à deux hausses les ruches qui en auraient trois, et que l'on destinerait à donner des essaims artificiels selon la seconde méthode.

Un essaim selon cette méthode exige les dispositions préparatoires qu'on emploie pour rajeunir les vieilles ruchées (87).
Je vais les répéter en peu de mots. Dans les premiers jours
de mai, on place sur la ruche un chapeau, et par le couvercle de celui-ci, on fait passer un petit bâton qui est fixé
et maintenu au milieu des deux couvercles de la ruche et
du chapeau. Au lieu du petit bâton, on ferait mieux de
mettre un petit gâteau d'une largeur de sept à huit centimètres, et d'une longueur suffisante pour descendre sur le
couvercle de la ruche. Ce petit gâteau, pour être bien affer-
mi à sa base et à son sommet, devra être serré verticalement
entre deux petites baguettes, comme entre des tenailles.
Les abeilles viennent se fixer sur le gâteau et en construisent
d'autres parallèlement, à droite et à gauche. Dès que le
chapeau est plein, on met une hausse dessous, et par ce fait,
il devient ruche ; les abeilles du bas et du haut se trouvent
alors séparées ; mais leur premier soin est de rétablir les
communications, ce qui a ordinairement lieu la nuit suivante.
Elles s'occupent à prolonger dans la hausse les gâteaux de
leurs édifices, la mère y dépose ses œufs au fur et à mesure
de la construction des cellules ; elle choisit de préférence
les gâteaux du centre, les autres servent à emmagasiner le
miel. Ces gâteaux du centre sont construits plus vite que les
autres. Dès que la nouvelle ruche est, aux quatre cinquièmes,
remplie de gâteaux, il est presque sûr qu'elle renferme des
vers de tout âge et qu'avec ces vers, les abeilles pourront,
au besoin, se créer une mère. C'est le moment le plus favorable pour faire l'essaim. On y procédera entre sept et huit
heures du soir, la manière est bien simple.

Après avoir soulevé et enfumé légèrement la nouvelle
ruche, on la porte provisoirement sur un plateau à quelque
distance. Quant à l'ancienne ruche, on n'y touche pas pour
le moment ; on se contente d'enfumer les abeilles qui sont

sur son couvercle dont on bouche ensuite l'ouverture ; la mère se trouve quelquefois dans la nouvelle ruche, mais plus souvent dans l'ancienne. Le lendemain, s'il est bien constaté que l'ancienne ruche a gardé sa mère, cette ruche conservera sa place ; la nouvelle ira remplacer une ruchée forte, et celle-ci sera portée plus loin. Si, au contraire, la mère se trouve dans la nouvelle ruche, celle-ci sera portée à la place de l'ancienne, laquelle à son tour remplacera une ruchée forte.

Il nous reste à savoir maintenant où est la mère. Avec un peu d'attention, on le saura une heure ou deux après la séparation. Voyons d'abord l'ancienne ruche : elle ne paraît nullement affectée du changement qui vient d'avoir lieu ; c'est le même bruissement à l'entrée ; c'est la même tranquillité qu'auparavant ; le lendemain matin, même calme, même indifférence pour tout ce qui s'est passé la veille : sans aucun doute, la mère est là. Allons à la nouvelle ruche ; les abeilles sont inquiètes ; les unes se croisent en tous sens, elles paraissent à la recherche d'une chose égarée : d'autres pêle-mêle sont en bruissement, c'est leur cri de détresse ; on entend dans l'intérieur un bourdonnement singulier. Ces signes sont très-apparents pour quelques ruches, ils le sont moins pour d'autres, quelquefois même, ils sont presque insensibles. Ce trouble, ce désordre, quand ils sont modérés, indiquent que les ouvrières ont des vers qu'elles peuvent élever à la dignité royale, et l'on doit être tranquille. Le lendemain matin, tout sera rentré dans l'ordre ; mais lorsque l'agitation s'accroît et dure plus de douze heures, c'est une preuve que les abeilles sont dans l'impossibilité de remplacer leur mère, et dans ce cas, le tumulte est excessif. Il n'y a qu'un moyen de calmer les mouches ; c'est de remettre les ruches l'une sur l'autre comme avant l'opération, car l'essaim est impossible.

J'ai été témoin de cette agitation des abeilles : la nuit, elles n'osent s'aventurer au dehors ; mais de jour, elles vont chercher leur mère en voltigeant tout autour de l'apier ; puis elles reviennent, puis elles ressortent avec une vivacité extrême. Cette agitation dure toute la journée. Voilà ce qui se passe lorsque la ruche est restée à sa place ; mais quand elle a été changée, les abeilles sortent pour ne plus rentrer, elles reviennent à leur ancienne place dans la ruche qui a conservé la mère.

Autre manière. — Dans les premiers jours de mai, on place un chapeau (204) contenant des gâteaux à petites cellules sous les ruches les plus fortes, on bouche exactement toutes les issues, de manière que les abeilles ne puissent entrer et sortir que par le chapeau ; au bout de sept à huit jours, on met une hausse sous le chapeau, et deux jours après, on peut procéder à la formation de l'essaim. Le moment le plus convenable, c'est entre sept et huit heures du soir ; on soulève et on enfume modérément l'ancienne ruche ; puis on la porte sur un plateau à quelque distance ; par cette seule opération, tout est fait pour le moment. La mère sera presque toujours dans l'ancienne ruche ; et dans la nouvelle ruche, qui est restée en place, il y aura presque toujours des vers propres à être transformés en mère. Si le lendemain, la mère est dans l'ancienne ruche, et que les abeilles de la nouvelle soient calmes, tout est bien ; les deux resteront comme elles sont placées. S'il est bien constaté, au contraire, que la nouvelle ruche a gardé la mère, il faut encore la laisser à sa place, mais on met l'ancienne à la place d'une ruche lourde et forte, pour en recevoir la population ; quant à cette dernière, on la porte à quelque distance sur l'apier. Enfin, si la nouvelle ruche n'avait ni la mère ni de jeunes vers, l'essaim serait impossible ; il n'y aurait autre chose à faire que de remettre les deux ruches l'une sur l'autre. On ne doit faire cette sorte d'essaim que sur des ruchées qui ont leurs provisions d'hiver.

Si le chapeau, au lieu de contenir des gâteaux, était vide, il empêcherait rarement d'essaimer ; souvent les abeilles se borneraient à y construire deux ou trois gâteaux à cellules de bourdons, et ensuite l'essaim sortirait sans qu'aucun symptôme nous permît de le prévoir.

Mais, direz-vous, par quel moyen peut-on se procurer des chapeaux contenant des gâteaux ? Le voici. En mars, après avoir renversé les ruches dont vous voulez supprimer la hausse inférieure, au lieu de couper les gâteaux avec un couteau, passez un fil de fer entre la hausse inférieure et celle au-dessus, voilà que vous avez une hausse pleine ; mettez ensuite et fixez avec des pointes un couvercle par-dessus ; de cette manière, vous avez un chapeau tel que je vous le demande.

J'ai dit, article 138, que si le chant de la mère ne se fait pas entendre, treize jours révolus après l'essaimage forcé, il n'y a plus à craindre que la souche essaime ; cela est vrai quand l'essaim se fait par transvasement ; mais dans l'essaimage par division, 2ᵉ méthode, il peut arriver qu'il n'y ait que des larves de quelques heures dans la portion qui n'a pas l'ancienne mère ; dans ce cas, les jeunes mères ne chanteront que le quatorzième ou quinzième jour après l'essaimage forcé.

143. **Perfectionnement aux essaims forcés.** — J'ai été longtemps contrarié dans la pratique des essaims artificiels. Souvent les ruchées d'où je les avais tirés essaimaient quatorze ou quinze jours après et souvent aussi, par suite de cet essaimage, elles devenaient orphelines. Après bien des essais inutiles, j'ai réussi enfin à empêcher ces ruchées de donner un nouvel essaim. Voici le moyen que j'ai trouvé :

Plusieurs fois, j'avais introduit de jeunes mères dans des

9.

ruchées qui venaient de me fournir un essaim artificiel, et presque toujours, je les avais trouvées mortes le lendemain ou les jours suivants. Espérant que les abeilles accueilleraient mieux une mère qu'elles auraient elles-mèmes couvée, je coupai, dans une colonie qui avait essaimé naturellement, un gâteau ayant à la fois une cellule maternelle fermée et du couvain d'ouvrières ; je le plaçai sous un grand verre à bière, et dans la crainte que la mère ne m'échappât, je mis le verre sur une pièce de toile métallique par où les ouvrières pussent seules passer. Je le plaçai sur une ruchée d'où j'avais tiré un essaim artificiel douze heures auparavant. Aussitôt les abeilles entrèrent dans le verre par les trous nombreux de la plaque et couvrirent entièrement le couvain d'ouvrières et la cellule maternelle. Deux jours après, la mère sortit de sa cellule, je la laissai sous le verre douze heures environ ; je lui donnai ensuite la liberté d'entrer dans la ruche. Le lendemain, ne la trouvant pas morte, je pus croire qu'elle n'avait pas été mal accueillie. Je renouvelai cette expérience avec le même succès sur trois autres souches d'essaims artificiels. Quelques jours après, en visitant ces souches maternelles, je vis à la vérité qu'elles avaient commencé des cellules royales, mais qu'elles les avaient abandonnées, et j'acquis ainsi la certitude que les jeunes mères avaient été acceptées.

Depuis 1860, époque où a paru la seconde édition du *Guide*, j'ai renouvelé l'expérience sur un grand nombre de souches artificielles, et jamais il n'est sorti de ces souches, quoique très-peuplées, ni chant de mère ni essaim secondaire.

Les ouvrières m'ont toujours paru avoir plus d'affection pour le couvain de leur espèce, que pour les mères au berceau ; on sera donc plus sûr que celles-ci seront couvées, si le gâteau contient aussi du couvain d'abeilles ouvrières. Je pense bien qu'en attachant dans l'intérieur de la ruche le gâteau contenant la cellule maternelle, le résultat serait le même; mais le plaisir de voir éclore la mère et les ouvrières fait que je continue à appliquer ma méthode. Pour que la lumière ne contrarie pas les ouvrières dans leur travail intime, on fera bien d'envelopper le verre avec une étoffe de couleur noire.

144. Moyen de se procurer des mères. — Dans les ruchées fortes qui essaiment les premières, surtout si ce sont des essaims de l'année précédente, il y a un nombre plus ou moins grand de jeunes mères au berceau, les unes sont à l'état de larves, les autres à l'état de chrysalides; toutes ne sont pas visibles à l'œil; mais on peut presque toujours en apercevoir quelques-unes et les enlever aisément. Pour les ruches à calotte, plusieurs de ces mères se trouver dans la calotte; il en est de même des ruches à hausse; quand ces dernières ont un chapeau par-dessus, on trouve dans ce chapeau trois ou quatre cellules maternelles toutes groupées au-dessus de l'ouverture du couvercle de la ruche.

Pour se procurer des mères, voici un deuxième moyen qui me semble préférable au précédent, parce qu'on peut, pour ainsi dire, les avoir à jour fixe. Vous placez une hausse sous une ruchée à forte population, et pour l'engager à bâtir plus vite dans la hausse, vous donnez à la ruchée, chaque jour, un litre de bonne nourriture, miel ou sirop de sucre. Quand la hausse est bâtie aux quatre cinquièmes environ, c'est le moment d'extraire de la ruchée un essaim forcé par transvasement. L'essaim remplacera la souche, celle-ci une ruchée très-forte (137 et 138). La souche repeuplée construira un grand nombre de cellules maternelles, surtout dans la hausse, parce que les gâteaux de cette hausse seront remplis d'œufs et de larves d'ouvrières. Il vous sera facile alors de voir ces cellules et de les enlever un jour ou deux avant la naissance des mères.

Troisième manière de se procurer des mères. — Choisissons parmi les plus peuplées deux colonies sous chacune desquelles nous plaçons un chapeau (204) contenant des rayons à cellules d'ouvrières, lorsque les rayons renferment du miel, l'affaire n'en va que mieux. Les chapeaux, huit ou dix jours après, devront avoir des œufs ou des larves, surtout si la récolte du miel a été bonne ; c'est le moment de les retirer, de les réunir l'un sur l'autre et de les mettre à la place d'une ruchée forte pour en recevoir la population. Les ouvrières construiront bon nombre de cellules maternelles. Visitons deux ou trois jours avant la naissance des jeunes mères, chacun des chapeaux, enlevons les cellules maternelles moins une ou deux ; puis, après avoir replacé les chapeaux l'un sur l'autre, remettons-les à la place qu'ils occupaient, en les abandonnant à la garde de Dieu.

Cette colonie, si la saison est bonne, fera encore ses vivres, et deviendra, le printemps suivant, une ruchée passable.

Observations. — Si, après avoir mis les chapeaux réunis, à la place de la ruchée forte, le désordre se manifeste et se prolonge d'une manière inquiétante, c'est que les chapeaux n'ont pas de larves d'ouvrières qui puissent être transformées en mères ; dans ce cas, il faut remettre les choses comme elles étaient avant l'opération, sauf à recommencer trois ou quatre jours après. Consultez les derniers alinéas de l'article 142.

Les gâteaux n'ayant que la hauteur intérieur des chapeaux (9 ou 10 centimètres), si vous les visitez avec attention, aucune cellule maternelle ne vous échappera.

145. **Ruchée pouvant donner un essaim forcé.** — Beaucoup de miel et une très-forte population, voilà les deux conditions que doit réunir une ruchée pour être en état de fournir un essaim artificiel. Ces deux conditions ne peuvent

se rencontrer que dans une ruche d'une grande capacité, c'est-à-dire, jaugeant de vingt-cinq à trente litres. Mais il est facile de se faire illusion sur la quantité de miel que renferme une colonie très-peuplée. Le poids du couvain et des abeilles, à l'époque de l'essaimage, est beaucoup plus considérable qu'à la fin de l'hiver et de l'automne ; pour prévenir toute erreur, nous allons décomposer le poids d'une ruchée forte et pesant brut 15 kilogrammes.

Ruche vide qu'on suppose du poids de . . . . $3^k,500^g$

Gâteaux et pollen . . . . 1 ,500

Couvain environ. . . . . 1 ,000

Abeilles et bourdons . . . . 2 ,500

Total de tout ce qui n'est pas miel. . $8^k,500^g$

Retranchant ces 8 kilogrammes 500 grammes des 15 du poids brut, on trouve qu'une ruchée, pesant brut 15 kilogrammes et réunissant une forte population à un nombreux couvain, n'aurait en magasin que 6 kilogrammes 500 grammes de miel, tandis qu'avec le même poids, à l'automne, elle en aurait 8 kilogrammes au moins. Une telle ruchée peut fournir un essaim artificiel par transvasement, parce que, conservant toutes les provisions, elle doit encore les augmenter avec le travail de la population de la ruchée dont elle doit occuper la place. Mais si les essaims se font par séparation, selon la première et la seconde méthode, comme le miel est à peu près partagé entre la souche et l'essaim, il faudra 10 kilogrammes de miel, afin que l'un et l'autre en aient chacun 5 kilogrammes environ. Mais, direz-vous, 10 kilogrammes de miel dans une ruche, c'est énorme ; à ce compte, on pourra rarement faire des essaims artificiels selon ces deux méthodes. Oui, j'en conviens ; mais si vous avez eu soin de laisser, l'année précédente, des excédants de provisions, la chose ne sera plus si rare que vous le pensez, et vous vous applaudirez de votre prévoyance, quand vous voudrez vous donner le plaisir de faire des essaims artificiels.

En parcourant ce tableau, quelques personnes trouveront insuffisant le poids de la population, que je porte à 2 kilogrammes 500 grammes. Ces personnes auront vu quelque part qu'un bon essaim pèse déjà à lui seul de 3 à 4 kilogrammes ; elles me diront : Mais, si un bon essaim a réellement ce poids, évidemment la ruchée qui l'a produit dépasse de beaucoup votre estimation Voici ma réponse. Un essaim, de 3 à 4 kilogrammes n'est, et ne peut être qu'une réunion de deux essaims qui, s'étant mêlés au moment du jet, n'ont plus formé qu'un seul groupe. Un essaim naturel de 2 kilogrammes 500 grammes est même rare, et cependant un tel essaim n'épuiserait pas totalement une colonie d'une population égale en poids , parce que les abeilles d'un essaim sortant approvisionnées, sont plus lourdes que celles d'une ruche ordinaire. (Voir l'article 103.)

Pendant la saison des essaims, il y a dans les ruchées très-fortes une prodigieuse quantité de couvain, je ne crois pas en exagérer le poids, en le portant à 1 kilogramme.

Quelques auteurs conseillent de vérifier, avant de faire l'essaim forcé, si la colonie renferme des mères au berceau ou des larves d'ouvrières de moins de trois jours. C'est une précaution inutile. A l'époque de l'essaimage, les ruchées fortes, à défaut de mères au berceau, ont toujours des larves d'ouvrières de tout âge. Pendant la grande ponte des œufs de mâles , jamais celle des ouvrières n'est interrompue, elle est même bien supérieure à celle des mâles. Je m'en rapporte sur ce point aux apiculteurs qui voudront visiter, en avril et mai, l'intérieur des colonies.

146. **Difficulté pratique pour l'essaimage forcé.** — Une grande difficulté se présente souvent dans la pratique des

essaims artificiels ; c'est que les essaims naturels sortent
quelquefois avant que les ruchées réunissent les conditions
pour les essaims artificiels Quand la saison des fleurs est
entremêlée de pluies chaudes et de beau temps, les abeilles
se multiplient étonnamment ; elles essaiment sans vous, et
peut-être malgré vous. Telle ruchée, ayant à peine quelques
kilogrammes de miel, s'avisera néanmoins de donner un
essaim, soit parce que la population est trop resserrée, soit
peut-être aussi, parce que la mère ne rencontre plus de cellules vides où elle puisse déposer ses œufs. Il faut alors donner
des hausses à temps et suivre les règles prescrites dans
l'art. 84. On réussira pour un grand nombre de ruchées à
retarder l'essaimage, et pendant ce temps-là, les provisions
s'augmenteront et rendront possibles les essaims artificiels.

147. **Dernier terme pour les essaims forcés.** — On doit
renoncer tout à fait aux essaims artificiels dès qu'on voit
arriver la fin de l'essaimage naturel. Ainsi le ralentissement
du travail des abeilles, un commencement de guerre contre les bourdons, voilà des avertissements qu'ils ne faut
pas négliger ou méconnaître. Ce serait folie que de passer
outre malgré ces avis donnés par les abeilles elles-mêmes.
Cependant, si vous aviez des colonies très-peuplées qui
eussent deux fois leurs provisions d'hiver, vous pourriez à la
rigueur en tirer des essaims artificiels. Vous partageriez
alors le miel par portions égales entre la souche et l'essaim.
Ces essaims n'auraient lieu toutefois qu'à la condition qu'il
resterait encore des bourdons dans la souche.

148. **Les essaims forcés sont-ils avantageux ?** — Si vous
en croyez quelques apiculteurs, c'est la poule aux œufs d'or
que les essaims artificiels. A les entendre, c'est un moyen
de tripler, de décupler en peu d'années le produit des
abeilles.

Malheureusement, les faits ne répondent pas à leur lan-

gage. L'expérience prouve bientôt que si on réussit quelquefois, souvent on échoue ; et si on n'y met de la prudence,
il y a plus à perdre qu'à gagner. D'autres condamnent d'une
manière absolue ces essaims, parce que, disent-ils, on ne
doit pas contrarier l'instinct des abeilles. Observons en cela,
comme on doit le faire en tout, une juste mesure : des
essaims faits dans les circonstances et dans les conditions
requises réussiront le plus ordinairement ; mais ces circonstances et ces conditions ne se représenteront tout au plus
qu'une année sur deux.

Réservez donc ce moyen un peu hasardeux, pour des cas
de nécessité ou de convenance exceptionnelle. Par exemple,
votre apier ne contient que peu de ruchées, vous ne voulez
pas vous astreindre à faire la garde pour les rares essaims
qui peuvent en sortir ; dans ce cas, disposez vos ruchées
pour en tirer des essaims artificiels, rien de mieux. Ou bien,
vous avez un grand apier, mais il n'est pas à votre portée,
ou, quoique à votre portée, les essaims vont se poser dans
le jardin de votre voisin, rien de mieux encore, dans ce cas-
là, que des essaims artificiels. Quelques-unes de vos ruchées
sont vieilles, très-peuplées, très-lourdes ; tous les jours,
elles mettent votre patience à l'épreuve, en vous refusant
l'essaim qui vous réjouirait tant le cœur ; usez alors des
droits que Dieu vous a donnés sur la nature, tirez-en un essaim artificiel.

Enfin, il y a des années où les essaims forcés deviennent
une ressource précieuse pour l'apiculteur. Quand la saison
des essaims est chaude et sans pluie, l'essaimage ne dure
que de dix à quinze jours et il n'y a guère que les petites
ruches qui essaiment. On aura peut-être beaucoup de miel ;
mais l'apier n'augmentera pas, et c'est toujours fâcheux de
ne point avoir d'essaims, lorsqu'ils auraient pu amasser leurs
provisions. En pareille circonstance, faites des essaims arti-

ficiels avec les ruchées lourdes et bien peuplées. Hors ces cas, usez de prudence et de réserve.

Je connais tous les inconvénients des essaims naturels ; je sais qu'on en perd, soit par la négligence des personnes qui surveillent leur sortie, soit par le fait même des abeilles qui prennent la fuite ; je sais encore que bon nombre de souches deviennent orphelines et périssent par suite d'un second essaimage ; mais je sais aussi qu'on ne réussit pas toujours avec les essaims artificiels, et que, tout compte fait, les avantages et les inconvénients se balancent de part et d'autre.

149. Point capital pour les essaims forcés. — Je connais des apiculteurs, propriétaires de nombreux apiers qui ont une grande habitude des essaims forcés. Leur méthode est aussi simple que rationnelle ; ils laissent la souche à sa place, et, après s'être assurés que la mère se trouve dans l'essaim, ils transportent celui-ci à une distance de deux kilomètres au moins. Il y a séparation aussi complète que dans l'essaimage naturel ; les abeilles de l'essaim ne reviennent plus à la souche, et celle-ci n'est pas longtemps à se refaire : les abeilles qui étaient à la campagne au moment de l'opération, le nombreux couvain qui éclot tous les jours, la mettent bientôt en état de compléter ses provisions d'hiver.

Mais en dehors de cette méthode irréprochable, surtout pour les contrées favorables aux abeilles, il n'y a plus que mécompte et déception si l'on ne suit pas les conseils donnés dans cet ouvrage. Le point capital, c'est de mettre l'essaim à la place de la souche et celle-ci à la place d'une ruchée lourde et forte pour en recevoir la population.

Voyons comme les choses se passent en agissant autrement. Si, en laissant la souche à sa place, vous éloignez l'essaim, même à cent mètres, les trois quarts des abeilles de l'essaim seront, trois jours après, retournées à la souche ; si, faisant la contre-partie, vous mettez l'essaim à la place de la souche et celle-ci à quelque distance, les abeilles de cette dernière vont rejoindre l'essaim et quelquefois en tel nombre que le couvain périra faute de chaleur ou de soins. Cet accident est rare à la vérité ; mais il arrive trop souvent que la souche ne refait pas sa population et ne complète pas son approvisionnement. N'oublions pas qu'elle a donné sa mère à l'essaim, que la nouvelle mère ne sera en état de pondre que de 22 à 23 jours après l'essaimage forcé.

150. **Faire les essaims forcés en deux temps.** — Un apiculteur prudent fait les essaims forcés en deux temps : il opère d'abord sur les colonies les plus fortes ; huit ou quinze jours après, si la bonne saison continue, il opère sur les colonies de second ordre, et de la sorte, il se livre le moins possible au hasard de la température.

Précisons notre conseil, par un exemple. Le 20 mai, nous faisons des essaims par transvasement. Le 1er juin suivant, tout va bien, les essaims ont peut-être déjà la moitié de leurs provisions, celles des souches sont plus que suffisantes. Eh bien ! tirons de nouveaux essaims des ruchées de second ordre, et mettons ensuite ces ruchées de second ordre à la place des souches du 20 mai pour en recevoir la population.

Si nous opérons sur des ruches à hausses et selon la première et la seconde méthode *par division*, nous attendrons que les souches et les essaims aient largement leurs provisions d'hiver. Quand nous en serons là, nous tirerons de nouveaux essaims des ruchées de second ordre, et nous pourrons, sans courir de grands risques, mettre les dernières souches à la place des souches et des essaims primitifs, et ceux-ci à des places vacantes sur l'apier.

LES ABEILLES EN ÉTÉ.

151. Saison où le miel devient rare. — Dans nos contrées, les abeilles ne récoltent plus à partir du 10 au 20
juillet ; quelquefois, le travail cesse dans les derniers jours
de juin ; d'autres fois, il continue jusqu'au 15 août. Avec un
peu d'attention, on pourra remarquer le jour où les fleurs
commencent à faire défaut. Ne sachant à qui s'en prendre,
les ouvrières font retomber leur mauvaise humeur sur les
bourdons, et dans leur sage prévoyance, elles se débarrassent des bouches inutiles. Hier, les bourdons étaient de
grands seigneurs, jouissant d'une haute considération ;
aujourd'hui, ce ne sont plus que des parias, indignes de
tout intérêt. Jusqu'alors, heureux possesseurs de colonies
florissantes, ils n'avaient connu de la vie que le confortable :
opulente oisiveté, promenades sous un beau soleil, table
toujours bien servie ; maintenant, victimes de l'insurrection,
ils sont ignominieusement condamnés à mourir de faim loin
de leur patrie. Les enfants de la race proscrite ne sont point
épargnés. Les ouvrières vont tirer de leurs berceaux les
jeunes bourdons pour les jeter à la voirie, et les larves de
ces malheureux, les œufs même sont sacrifiés sans misé-
ricorde.

C'est à peu près dans le moment du massacre ou de l'exil
des bourdons que disparaissent aussi une multitude d'abeilles
grises, aux ailes échancrées. Ce sont des vétérans mutilés
qui, n'ayant pas notre hôtel des Invalides, vont choisir leur
dernier asile dans le champ si souvent illustré par leurs
travaux (8).

L'expulsion des bourdons est un signe certain que les
abeilles ne trouvent plus ou presque plus de miel à la campagne.

Un autre indice certain de la pénurie du miel, c'est quand

le travail ordinaire se ralentit considérablement et que les abeilles, malgré le beau temps, ne font plus que sortir et rentrer pour ainsi dire une à une. Elles semblent avoir perdu toute leur activité ; seulement chaque ruchée a son moment d'ébats et de récréation entre midi et quatre heures ; mais tout se borne à un mouvement passager d'abeilles qui veulent respirer plus librement au grand air.

152. Moment de récolter le miel. — On doit prendre le miel aussitôt que l'attaque générale est faite contre les bourdons, et sans attendre leur déroute complète. Il y aurait de grands inconvénients à négliger ce moment. En effet, quand les abeilles commencent à ne plus rien trouver à la campagne, elles se tiennent dans leurs ruches et il est extrèmement difficile de leur faire abandonner leurs gâteaux. Elles sont hargneuses, intraitables, mais ce n'est encore là que le moindre inconvénient. Une demi-heure après l'opération commencée, des masses d'abeilles attirées par l'odeur, viennent s'abattre sur le miel et sur les ruches dans lesquelles vous travaillez. Lorsque vous avez fini et que votre miel est transporté à la maison, vous croyez peut-être que tout est bien ; non. Ces abeilles dont vous avez excité la convoitise, ne trouvant plus au dehors de quoi la satisfaire, se jettent avec fureur et de préférence sur les ruchées que vous venez de récolter, ainsi que sur celles qui ont perdu leur mère par suite de l'essaimage. Les habitants de cette dernière résistent rarement à cette impétueuse agression, et les pillardes, quand elles ne réussissent pas à forcer le passage, périssent misérablement sous les coups de leurs adversaires.

A ceux qui ont laissé passer le moment convenable, je conseille de ne prendre le miel qu'à deux ou trois ruchées à la fois et sur le soir. Les jours suivants, ils pourront passer à d'autres ; mais aussitôt qu'ils verront les abeilles s'abattre en grand nombre sur le miel, ils devront cesser et remettre leur travail à un autre jour.

Un motif qui doit encore déterminer à récolter les ruchées à l'époque indiquée ci-dessus, c'est que le miel est d'autant plus blanc qu'il a moins séjourné dans la ruche. Qu'on essaie d'en prendre moitié en juillet et moitié en septembre, on verra une grande différence de l'un à l'autre pour la blancheur et le goût. D'un autre côté, le miel en juillet étant plus chaud et plus liquide, il se séparera plus facilement du marc, et le pressoir ou la chaleur du four n'aura plus à faire couler qu'une faible quantité de miel de second choix.

Ce conseil de récolter avant l'entière destruction des bourdons, s'adresse particulièrement aux propriétaires des ruches communes. On peut attendre et choisir son temps pour les ruches à calotte et à hausses, le pillage n'est point à craindre avec ces dernières, pour peu qu'on opère avec soin.

153. **Miel nécessaire pour la saison morte.** — Il est important de connaître la quantité de miel qu'il faut laisser aux abeilles pour les provisions d'hiver. Combien de ruchées périssent victimes de l'ignorance et de l'avidité des *preneurs de miel !* Oui, des ruchées auxquelles on avait dérobé du miel en juillet, je les ai vues périr de faim dans le mois de février suivant. On ne saurait trop le répéter, la trop grande multiplication des essaims et la cupidité des propriétaires sont pour nos apiers deux causes fréquentes de ruine.

Il n'est pas rare que les ruchées perdent deux kilogrammes de leur poids, depuis la mi-juillet jusqu'aux premiers jours d'octobre. L'absence des bourdons et du couvain, une diminution notable de la population contribuent à cette réduction de poids ; car dans le mois d'octobre, il n'y a plus de bourdons, il ne reste plus ou presque plus de couvain, et le nombre des ouvrières se trouve réduit d'un tiers. On doit s'estimer heureux quand on retrouve en octobre le même poids qu'en juillet, parce que cela prouve que les abeilles ont remplacé en miel ce qu'elles avaient en couvain et en population. D'après ces données et pour ne pas s'exposer à des mécomptes, il faut, en prenant du miel au mois de juillet, en laisser aux ruchées 2,000 grammes de plus que si on le prenait en octobre.

Maintenant, il nous reste à savoir quelle est la consommation d'une ruchée, depuis le 1er octobre jusqu'au 1er mai.

D'après des expériences, plusieurs fois répétées, expériences que je vais mettre sous les yeux du lecteur, la consommation de chaque ruchée pendant les sept mois, varie entre 7 et 8 kilogrammes de miel, selon les années et la population des ruchées. Généralement parlant, les ruchées très-fortes ont besoin d'un peu plus de miel que les autres, c'est ce qui arrive surtout en mars et en avril ; cependant, il n'est pas rare de voir des colonies médiocres consommer plus que d'autres colonies mieux peuplées. C'est un fait bien constaté et dont la cause m'est inconnue.

Une famille logée dans une petite ruche consomme moins en hiver qu'une autre famille aussi nombreuse, mais logée dans une plus grande ruche.

Pour me résumer : si vous faites la récolte en juillet, laissez à chaque ruchée 10 kilogrammes de miel ; laissez-en de 7 à 8 seulement, si vous la faites en octobre. Avec de telles provisions, soyez sans inquiétude sur le sort de vos abeilles.

154. Miel consommé du 1er juillet au 19 octobre.

N° D'ORDRE.	POIDS BRUT.		DIFFÉRENCE.
	1858 1er JUILLET.	1858 19 OCTOBRE.	
1	16k,910	14k,580	2k,330
2	23 ,730	22 ,000	1 ,730
3	18 ,490	14 ,200	4 ,290
4	22 ,540	18 ,860	3 ,688
5	21 ,810	17 ,170	4 ,640
6	17 ,240	13 ,570	3 ,670
7	21 ,170	18 ,100	3 ,070
8	18 ,670	16 ,070	2 ,600
9	17 ,880	14 ,680	3 ,200
10	16 ,750	13 ,630	3 ,120
11	15 ,720	12 ,970	2 ,750

Observations. — La première colonne du tableau est le n° d'ordre ; la seconde marque le poids brut des ruchées au 1er juillet ; la troisième, le même poids brut au 19 octobre ; la quatrième nous donne la différence du premier au second poids, c'est-à-dire, la quantité de miel que chaque ruchée a consommée depuis le 1er juillet jusqu'au 19 octobre.

La dépense a été énorme, elle s'est élevée, en totalité, pour les onze ruchées, à 35k,080 grammes, ce qui donne une moyenne de 3k,189 grammes pour chaque colonie ; mais je me hâte de dire que rarement elle est aussi forte. Ainsi, nos ruchées, au 1er septembre 1859, étaient plus lourdes qu'au 1er juillet de la même année.

Le numéro 2, qui n'a perdu que 1,730 grammes de son poids, avait une très-forte population ; il a dû vivre un peu aux dépens d'autrui par un pillage latent (169).

Pendant que nos abeilles, privées de fleurs, entamaient si fortement leurs provisions, celles qui se trouvaient à portée de la bruyère ou du sarrasin les augmentaient considérablement.

155. Miel consommé du 19 octobre au 6 avril.

Nº D'ORDRE.	POIDS BRUT.		DIFFÉRENCE.	POPULATION RELATIVE
	1858 19 OCTOBRE.	1859 6 AVRIL.		
1	14ᵏ,580	9ᵏ,290	5ᵏ,290	2
2	22 , »	17 ,170	4 ,830	1
3	14 ,200	8 ,690	5 ,510	1
4	18 ,860	12 ,670	6 ,190	1
5	17 ,170	10 ,960	6 ,210	1
6	13 ,570	8 ,5 0	5 ,040	2
7	18 ,100	12 ,270	5 ,830	1
8	16 ,070	10 ,650	5 ,420	2
9	14 ,680	9 ,180	5 ,500	1
10	13 .630	8 ,880	4 .750	2
11	12 ,970	8 ,150	4 ,820	3
12	13 ,920	8 ,770	5 ,150	3
13	14 ,320	7 ,650	6 ,670	3
14	13 ,060	8 ,480	4 ,580	2
15	13 ,830	7 ,950	5 ,880	1
16	13 ,890	8 ,090	5 ,800	3
17	11 ,100	6 ,720	4 ,380	3
18	15 ,350	7 ,730	7 ,620	1
19	11 ,940	6 ,990	4 ,950	1
20	16 ,710	9 ,620	7 ,090	1
21	11 ,310	6 ,660	4 ,650	1

Observations. — La cinquième colonne indique la force relative de la population que les ruchées paraissaient avoir le 25 avril 1859, qui a été une belle journée de travail. Chaque colonie travaillait selon sa force.

Les numéros marqués du chiffre 1 étaient des ruchées à forte population.

La dépense totale des vingt et une ruchées, depuis le 19 obtobre jusqu'au 6 avril, s'élève à 116 kilog. 160 grammes, c'est une dépense moyenne de 5 kilog. 531 grammes pour chaque ruchée; mais il faut ajouter à cette moyenne le miel qui a été mangé depuis le 1er octobre jusqu'au 19 du même mois, miel qu'on ne peut estimer à moins de 500 grammes ; il faut encore au moins 1 kilog. 500 grammes de nourriture pour vivre depuis le 6 avril jusqu'au 1er mai (61). Nous arrivons donc à une dépense moyenne de 7 kilog. 530 grammes, depuis le 1er octobre jusqu'au 1er mai.

On a remarqué que les numéros 17, 19 et 21 avaient mangé moins que les autres. C'étaient des essaims logés dans de petites rûches de 18 litres, tandis que les autres numéros avaient des ruches de 25 à 27 litres.

Les dix derniers numéros ont passé l'hiver au milieu d'un jardin. Exposés à tous les vents, ils n'avaient d'autre abri qu'une toiture de planches pour les garantir seulement de la pluie. Ils ont consommé (les trois essaims exceptés) plus que les onze premiers, qui étaient beaucoup mieux abrités de la pluie et du vent du nord.

Les abeilles exposées à tous les vents sortent moins en hiver et consomment plus que celles qui sont abritées. Dans un apier couvert, les familles qui ne voient plus le soleil à partir de 11 heures ou midi, sortent beaucoup moins que celles qui le voient plus longtemps.

L'hiver de 1858 à 1859 a été très-doux. Les abeilles, dans chacun des mois de novembre, décembre, janvier et février, ont pu sortir plusieurs fois au dehors. Le 17 mars, elles ont commencé à récolter passablement de pollen.

10

156. **Miel consommé du 24 octobre au 11 avril.**

N° D'ORDRE.	POIDS BRUT.		DIFFÉRENCE.
	1859 24 OCTOBRE.	1860 11 AVRIL.	
1	25^k,480	19^k,480	6^k,000
2	23 ,360	17 ,070	6 ,290
3	21 ,830	16 ,230	5 ,600
4	18 ,980	13 ,080	5 ,900
5	25 ,590	18 ,370	7 ,220
6	15 ,160	10 ,080	5 ,080
7	14 ,660	10 ,290	4 ,370
8	19 ,200	13 ,320	5 ,880
9	21 ,290	15 ,250	6 ,040

Les cinq premières ruchées, très-fortes en population, n'avaient pour nourriture que du miel de leur récolte.

Les quatre dernières, un peu moins peuplées, étaient deux essaims tardifs de 1859 et les deux souches de ces essaims ; leurs provisions se composaient de glucose pour les deux tiers et du miel de leur récolte pour l'autre tiers.

Les essaims n°s 6 et 7 étaient logés dans des ruches jaugeant à peine 18 litres, quoique aussi peuplées que les souches n°s 8 et 9, ils ont moins dépensé, mais aussi les souches avaient des ruches de 25 à 27 litres.

Rappelons-nous que déjà dans la seconde expérience, nous avons constaté que trois essaims logés dans de petites ruches avaient mangé moins que les autres colonies.

Pour la troisième expérience, les ruchées ont été pesées avec leurs plateaux.

Excepté les derniers jours de décembre et le mois de janvier qui ont été doux, l'hiver de 1859 à 1860, depuis les premiers jours de novembre jusqu'aux derniers jours de mars, a été constamment rigoureux.

Les neuf ruchées ont diminué, depuis le 24 octobre jusqu'au 11 avril, de 52^k,380 grammes, c'est une dépense moyenne de 5^k,820 grammes pour chaque ruchée ; mais à cette moyenne ajoutons 600 grammes pour le miel mangé depuis le 1er octobre jusqu'au 24 du même mois, ajoutons encore 1^k,400 grammes pour vivre depuis le 11 avril jusqu'au 1er mai (61), et nous trouvons une dépense moyenne de 7^k,820 grammes.

Les neuf ruchées de 1860, ont donc dépensé un peu plus que leurs sœurs de 1859.

157. Estimer le miel d'une ruchée. — Vouloir estimer au juste le miel que renferme une ruche est chose impossible. On pourra se tromper de 1 kilogramme en juillet et de 500 grammes en octobre. On ne doit donc pas considérer comme exactes les estimations que nous allons faire, nous les donnons seulement comme se rapprochant beaucoup de la vérité.

Nous supposons que la pesée a lieu sur la fin de juillet, lorsque les bourdons ont en grande partie disparu. Nous prenons pour exemple deux ruches de capacités égales et jaugeant de 25 à 30 litres. La population de la première est très-forte, mais la bâtisse est ancienne ; la population de la seconde est également très-forte, mais la bâtisse est nouvelle, elle appartient à un essaim de l'année. De la première (outre le poids de la ruche vide), il faut distraire 1 kilog. 500 grammes pour la cire, 2 kilog. pour les abeilles, 1 kilog. au plus pour le couvain : en tout 4 kilog. 500 grammes. De l'essaim, il faut distraire 2 kilog. pour les abeilles, 1 kilog. pour le couvain et 800 grammes seulement pour la cire : en tout 3 kilog. 800 grammes. Le poids du couvain est peut-être exagéré, surtout pour la première ruche. Celui de la population, que je porte à 2 kilog., est grandement suffisant. N'oublions pas que neuf abeilles prises dans un essaim, deux heures après sa sortie, pèsent autant que onze autres à leur état habituel (103) : en sorte qu'une ruchée ayant 2 kilog. d'abeilles est aussi forte qu'un essaim dont les abeilles pèseraient 2 kilog. 500 grammes au moment de sa sortie.

On peut porter l'estimation d'une population ordinaire à 1 kilog. 500 grammes seulement et le couvain à 500 grammes.

Enfin, si la pesée se fait en octobre, on réduira un peu le poids de la population, et celui du couvain à zéro. Je me rappelle à cette occasion avoir éthérisé complétement les abeilles d'une forte ruchée et les avoir pesées ensuite très-exactement. C'était en septembre ; eh bien ! le poids de toutes ces mouches n'a pas dépassé 1 kilog. 600 grammes. Il est bon d'ajouter que la ruchée, malgré cette opération, a essaimé l'année suivante.

Si les ruches sont moins grandes d'un tiers, il est bien entendu qu'on réduira d'autant le poids des gâteaux ; il faudra même en juillet réduire un peu celui du couvain et de la population. Je crois qu'avec tous ces moyens, on arrivera à connaître, à peu de chose près, la quantité de miel contenu dans chaque ruche. Pour cela, il suffira de retrancher du poids total de la ruchée, celui de la ruche vide, des abeilles, du couvain et de la cire, le reste sera nécessairement le poids du miel.

Je n'ai pas parlé du pollen que je confonds avec le miel. On peut estimer ce pollen de 250 à 400 grammes. Ce poids ne me paraît pas même suffisant pour nourrir le nombreux couvain qu'on trouve dans quelques ruchées fortes, en janvier, février et mars.

158. **Balance à peser les ruchées.** — Lorsque je veux faire des expériences spéciales et obtenir des résultats très-exacts, je me sers de la balance à fléau. S'agit-il de savoir

combien il faut de miel pour la consommation d'une famille d'abeilles dans un temps donné, de comparer le travail de deux essaims du même jour, mais de population différente, la balance à fléau me donne, dans ces cas et autres semblables, la précision que je désire. Pour l'économie ordinaire de l'apier, je me sers d'une balance à ressort appelée peson. Elle est moins exacte, mais d'un usage plus commode. Avec cette balance, je connais le poids des ruchées à quelques hectogrammes près. Je sais si les provisions sont au-dessus ou au-dessous des besoins de la mauvaise saison. Je suis enfin fixé sur la quantité de miel que je puis extraire.

Quelques personnes pourraient s'effrayer de mes balances et s'imaginer que peser des ruchées, ce doit être bien embarrassant, bien dangereux; rien n'est plus simple cependant. On va s'en convaincre.

Prenez trois bouts de ficelle de cinquante centimètres de longueur, attachez-les par l'une des extrémités à un anneau, armez-les chacune, à l'autre extrémité, d'un petit crochet en fer ; ces trois crochets serviront à saisir la ruche par trois points de sa circonférence, et l'anneau, s'accrochant au peson ou à l'un des bras de la balance, tiendra la ruche en suspens. Quand on pèse avec la balance à fléau, on la fixe à une hauteur convenable, après avoir détaché un de ses plateaux ; on va saisir ensuite avec les crochets, la ruchée légèrement enfumée ; on l'enlève au moyen des cordes et de l'anneau, et on la suspend au fléau à la place du bassin qu'on a ôté. Seul et dans une heure et demie, je puis peser de la sorte vingt ruchées. Avec le peson, je me sers rarement des ficelles et des crochets ; j'enlève la ruche, je l'accroche tout simplement au peson, et la besogne est faite encore plus vite.

159. Récolte sur les ruches communes. — Les propriétaires de ruches communes n'ont pas tous le même mode

10.

d'aménagement. Les uns ont de grands paniers d'une capacité de 25 à 30 litres, ils réunissent tous les essaims faibles
ou tardifs, et suppriment en août tout ce qui est vieux ou
sans provisions suffisantes : c'est la meilleure méthode. Les
autres veulent de petites ruches de 16 à 20 litres. Ils ne se
donnent pas la peine de doubler leurs essaims ; leur manière
de récolter consiste à sacrifier les plus lourdes, c'est-à-dire
les meilleures ; ils détruisent également celles qui n'ont pas
assez de provisions, et nous savons si le nombre en est
grand dans les mauvaises années. D'autres enfin affectionnent aussi les petites ruches. Ils vont y fureter quelques
rayons de miel, et souvent ils ne s'en tiennent pas là, ils
enlèvent aux malheureuses abeilles le quart ou la moitié de
leurs provisions, en disant : elles rempliront le vide, la
saison est encore bonne.

Voyons s'il n'y a rien de mieux que ces trois méthodes.

160. **Récolte partielle sur les ruches communes.** —
Nous avons affaire à une grande ruche, ou, ce qui revient
au même, à une petite munie d'une hausse pour compléter
la capacité de 25 à 30 litres. Cette ruche, quand elle est
bien pourvue de miel, pèse brut de 22 à 24 kilog. ; en la
récoltant, on peut en réduire le poids à 17, car le panier
vide ne pesant guère que 3 kilog., et le décompte des
abeilles, du couvain et de la cire étant fait, il restera encore
au moins 9 kilog. 500 grammes de miel, ce qui est suffisant
pour les besoins. Il ne faut, en aucun cas, toucher aux provisions nécessaires, on doit toujours se conduire comme
si les abeilles ne devaient plus rien amasser.

Tout cela étant bien entendu, nous faisons nos apprêts
pour la récolte. Il nous faut une terrine à mettre le miel, un
seau d'eau pour laver les mains, trois ou quatre tuiles
creuses pour couvrir les ruches, un couteau à miel un peu

recourbé, un tout petit balai pour faire tomber les abeilles, enfin du pourget et un bon enfumoir.

Nous arrivons à la ruchée, nous y introduisons d'abord quelques bouffées de fumée par la porte ; ensuite, après l'avoir décollée et soulevée au moyen d'une petite cale, nous l'enfumons de nouveau pour mettre les abeilles en état de bruissement, nous transportons la ruchée à la place désignée près des ustensiles, nous la renversons à ciel ou-vert ; là, après avoir reconnu la partie occupée par le miel, nous plaçons une tuile creuse sur l'autre partie, celle où se trouve le couvain.

La fumée et les coups donnés avec le couteau à miel for-cent les mouches à se réfugier sous la tuile. Dès que les gâteaux deviennent libres ; on les enlève et on chasse les quelques abeilles qui s'y trouvent ; puis, on secoue ou on balaie la tuile pour faire tomber toutes les mouches dans la ruche, qui à l'instant est reportée à sa place.

Cette méthode ne présente ni difficulté ni danger d'au-cune nature, quand la saison est encore bonne ; mais lors-que la campagne n'offre plus aucune ressource, il est bien difficile de maîtriser les abeilles : elles s'obstinent, malgré la fumée, à rester au fond de leurs gâteaux. Ce sont des piqûres, des mouches engluées, d'autres mouches qui s'a-battent sur le miel : c'est à lasser votre patience. Ce n'est pas encore tout. L'odeur du miel a réveillé les autres ru-chées et a provoqué leur convoitise. Tout le monde veut avoir sa part du butin, c'est un mouvement général, une confusion inquiétante ; et si l'on ne se hâte de rétrécir les portes des ruches, de calfeutrer celles auxquelles on vient de toucher, le pillage est imminent.

Je me suis vu quelquefois obligé de transporter les ruches dans une chambre, d'en tirer le miel, de les reporter à l'apier et de les calfeutrer immédiatement ; puis, lorsque le travail était terminé, d'ouvrir les croisées pour laisser aux mouches la liberté de retourner chez elles.

Il ne faut pas oublier de rejeter dans la ruche les abeilles réunies sous la tuile, parce que l'abeille mère s'y trouve quelquefois.

161. Récolte entière sur les ruches communes. — La deuxième manière de récolter le miel des ruches communes répondra à toutes les exigences de celui qui veut du miel, ou qui veut réduire son apier, et tout cela, sans dommage pour les abeilles. Je pratique cette méthode, j'en garantis le succès.

Un propriétaire, ne voulant conserver qu'un certain nombre de paniers sur son apier, supprime tout ce qui dépasse ce nombre ; il a bien soin de ne détruire que les vieilles ruchées, puis celles qui n'ont pas leurs provisions, et enfin celles qui n'ont point de mère. Jusque-là tout est bien ; mais ordinairement la manière de procéder est déplorable. On étouffe brutalement avec du soufre les pauvres abeilles qui ne demandent qu'à vivre pour être utiles. Le moyen suivant respecte, tout à la fois, la vie des mouches et les intérêts du maître. Le lecteur en jugera.

Quand on s'aperçoit que les bourdons disparaissent et que la récolte du miel touche à sa fin, on prend note de toutes les colonies à supprimer, et on choisit, pour le faire, une belle journée entre midi et quatre heures. La première colonie à détruire est vieille, elle est voisine d'une autre que vous voulez conserver ; soufflez d'abord dans la première quelques bouffées de fumée ; ensuite, après l'avoir soulevée et maintenue ainsi avec une petite cale, mettez les abeilles en état de bruissement ; faites exactement la même chose pour la colonie voisine, c'est-à-dire provoquez-y aussi le bourdonnement intérieur ; quand vous en êtes là avec cette dernière colonie, enlevez-la pour un moment ;

mettez à sa place la première, après l'avoir renversée à ciel
ouvert ; puis placez l'autre par-dessus. Ainsi la colonie que
vous voulez conserver se trouve par-dessus celle que vous
vous proposez de supprimer. Soufflez encore quelques
bouffées de fumée, calfeutrez ensuite les deux ruches en ne
laissant qu'une étroite entrée pour le passage des abeilles ;
pratiquez la même opération sur toutes les colonies à supprimer.

Quand je vous dis de réunir la vieille colonie à sa voisine,
je n'entends pas vous en faire une loi ; vous êtes parfaitement libre de la placer sous une autre, à quelque distance.
Cependant il est toujours mieux de réunir les voisines,
parce que les abeilles retrouvent plus facilement la famille.

Voyons maintenant ce qui se passe dans nos ruches.
Quand on enfume convenablement, il n'y a point de combat ;
une des mères périt, l'autre établit presque toujours sa
résidence dans la ruche supérieure ; c'est là qu'elle continue sa ponte, c'est là que la famille se concentre ; le couvain de la ruche renversée éclot tous les jours, mais il n'est
pas remplacé ; les dernières mouches naissent et sortent de
leur cellule vingt ou vingt et un jours après la réunion. A
partir de ce moment, et non auparavant, on peut enlever
cette ruche inférieure, la porter dans une chambre ; là, les
abeilles l'abandonnent volontairement et sans fumée, et il
est aisé de s'en approprier les provisions (1). Pour plus de
détails, consultez l'article suivant 162. Quelquefois, les mouches n'abandonnent pas la ruche, c'est une preuve que la
mère s'y trouve ; dans ce cas, qui est rare, il faut remettre

(1) Il faut s'attendre cependant, à ne pas retrouver dans la ruche
autant de miel qu'au moment de la réunion. Les abeilles auront transporté dans la ruche du haut une bonne partie du miel non operculé de
la ruche du bas. On ne doit pas le regretter, la ruchée, au printemps
suivant, ne s'en comportera que mieux.

la ruche comme elle était, pour la reprendre plus tard.

Nous avons dit que la mère établit presque toujours sa demeure dans la ruche du haut ; le contraire peut avoir lieu ; la ponte alors continue dans la ruche inférieure et cesse dans l'autre. Lorsque ce fait arrive, il ne reste autre chose à faire que d'attendre à l'automne pour supprimer celle des deux ruches qui n'aura pas la mère.

Des gens, qui se font des difficultés de tout, vont me dire : les dimensions de mon apier couvert s'opposent à ce que je place ainsi ruche sur ruche. Non, prenez plus de souci de vos abeilles et vous trouverez moyen de faire des changements qui vous permettront de mettre et de consolider un panier sur un autre panier renversé.

Réduire le nombre de ses ruchées devient une affaire bien simple avec les ruches à hausses. Après avoir enfumé convenablement les deux ruchées que l'on veut réunir, on porte celle qui doit être supprimée, par-dessus l'autre dont on a débouché le couvercle, et on calfeutre soigneusement les deux ruches, en ne laissant qu'une seule porte, celle du bas. L'abeille mère survivante, s'établit presque toujours dans la ruche inférieure ; c'est donc la ruche supérieure qui, n'ayant plus de couvain vingt-deux jours après la réunion, devra être enlevée et récoltée de la même façon que les ruches communes.

Il est important de choisir une belle journée pour les opérations dont nous parlons. Les abeilles, quand elles travaillent, sont plus conciliantes, mieux disposées à fraterniser. Celles qui reviennent de la campagne et qui ne retrouvent plus leur ruche, finissent, après quelques moments d'hésitation, par entrer en suppliantes chez leurs voisines, où elles ne sont pas trop mal accueillies. Il y a peu de victimes.

On ne peut, sans inconvénient, devancer le terme de vingt-deux jours que nous avons assigné pour la récolte du miel, parce que le couvain ne serait pas éclos : mais on est libre de reculer ce terme selon ses convenances, par exemple, pour attendre une température chaude, afin d'avoir un produit plus maniable et plus beau.

162. Récolte sur les ruches à calotte. — La manière de récolter le miel des ruches à calotte est bien simple ; elle consiste à enlever la calotte qui les recouvre. On peut, pour cette opération, choisir le mois de juillet ou celui d'août : il n'y a pas de pillage à craindre. Le mieux serait de récolter en juillet par une journée chaude ; le miel serait plus liquide ; il se séparerait du marc plus vite et plus complétement (1).

Nous voici à l'œuvre. Nous décollons la calotte, nous y soufflons quelques bouffées de fumée, pour calmer les mouches ; nous l'enlevons et la mettons à terre, une minute ou deux, temps nécessaire pour ôter les moindres parcelles de miel qui se trouvent sur le sommet de la ruche et en fermer l'ouverture ; nous transportons la calotte à la maison, dans une chambre dont les croisées sont fermées. Nous allons chercher les autres calottes successivement et avec les mêmes précautions, en les plaçant à une distance de 30 à 45 centimètres, et dans un ordre tel que nous puissions nous rappeler, deux heures après, à quelle ruchée appartient chacune d'elle. Les abeilles se troublent bientôt, elles s'agitent, puis elles abandonnent peu à peu les calottes : c'est le moment d'ouvrir les croisées. Ici la fumée retarderait plutôt qu'elle ne hâterait le départ des abeilles.

Mais voici peut-être une calotte qui ne fait pas comme les

---

(1) Quand le miel des calottes a été butiné en mai, il faut le récolter en juin. Chez nous, ce miel de mai se trouve souvent figé, dès le mois de juillet ; il ne se fige pas dans le corps de la ruche.

autres. Les mouches ne songent point à l'abandonner, elles ne paraissent nullement émues de ce qui vient d'avoir lieu ; d'autres mouches des calottes voisines vont même les rejoindre : c'est que l'abeille mère est là. Que faire alors ? Il faut opérer par transvasement, mettre une calotte vide par-dessus celle qui est pleine, passer une serviette en forme de cravate pour fermer toutes les issues, tambouriner sur la calotte pleine, afin de forcer les abeilles à monter dans celle qui est vide. Lorsqu'elles y sont montées, on les porte sur la ruchée à laquelle elles appartiennent, après en avoir débouché le couvercle. On voit par là combien est important de reconnaître l'ordre dans lequel ont été placées les calottes.

Il ne reste plus qu'à retirer le miel, ce que tout le monde peut faire sans avoir besoin de maître.

Voici une autre méthode moins embarrassante que la première ; nous l'empruntons au *Cours pratique d'apiculture* de M. Hamet.

« L'enlèvement des calottes a lieu au milieu d'une belle journée. L'opérateur soulève la calotte par un côté et y souffle de la fumée, afin de maîtriser les quelques abeilles qui pourraient s'irriter ; il enlève cette calotte et il la pose à terre, à un mètre ou deux de sa ruche et sur un sol à peu près égal ; il la clôt au moyen d'un peu de terre qu'il ramène autour de ses bords, et ne laisse seulement qu'un trou pour passer le doigt, autant que cela se peut du côté du soleil ; il la marque d'un signe quelconque qu'il met également à la ruche d'où elle provient, et l'on ne s'en occupe plus ; il passe alors à une autre ruche, qu'il opère de même.

» Quant aux abeilles restées dans les calottes, voici comment elles se comportent : après avoir reconnu qu'elles sont isolées de la colonie-mère, ce dont elles ne tardent pas à s'apercevoir, elles se gorgent de miel et déguerpissent en colonne serrée. On les voit, au bout de quinze à vingt minutes, sortir par la petite issue ménagée, s'envoler au plus vite et retourner en ligne droite à la ruche-mère. S'il se trouve quelques jeunes abeilles qui n'aient pas encore sorti, elles ne sont pas du tout embarrassées pour reconnaître leur ruche : le bourdonnement de leurs compagnes plus âgées les guide dans cette circonstance.

» Lorsqu'après vingt-cinq à trente minutes, les abeilles ne pensent pas à sortir d'une calotte, il faut juger que la mère-abeille s'y trouve, ce qui arrive rarement : on chasse alors les abeilles de cette calotte dans une ruche vide. On fait cette opération par le tapotement et à ciel ouvert. Lorsque les abeilles sont à peu près toutes montées dans la ruche vide, on secoue celle-ci à l'entrée de la souche.

» Il faut enlever les calottes laissées à terre aussitôt que les abeilles qu'elles contenaient sont parties, parce que d'autres pourraient y venir, qui agiraient en pillardes.

» Deux personnes peuvent opérer vingt ruches à l'heure par les moyens que nous venons de décrire, moyens dus à M. Mauget, et beaucoup plus simples et plus expéditifs que celui qui consiste à faire sortir les abeilles par le tapotement ou par la fumée, qu'emploient encore un certain nombre d'apiculteurs. »

163. Récolte sur les ruches à hausses. — Pour récolter le miel des ruches à hausses, il y a deux méthodes qu'on peut indifféremment employer : car, si l'une nous donne un miel plus beau, l'autre convient peut-être mieux aux abeilles.

La première consiste à placer, en mai, un chapeau (204), par-dessus les ruches à trois hausses (83). Les hausses suffisent pour loger le couvain et les provisions d'hiver ; et, quand le chapeau renferme du miel, on est à peu près assuré de pouvoir l'enlever sans nuire aux abeilles. Il n'y a donc pas grande nécessité de peser la ruchée. Pour enlever le chapeau et se débarrasser des abeilles, on suivra les conseils que, dans l'article précédent, nous avons donnés pour l'enlèvement des calottes.

La seconde méthode exige que, au fur et à mesure des besoins, on ajoute successivement de nouvelles hausses pardessous les ruches. Une ruche à quatre hausses est presque toujours assez grande pour loger le couvain et le miel que les abeilles peuvent amasser, même dans une bonne année. Le poids brut d'une telle ruche peut aller à 30 kilogrammes. Veut-on procéder à la récolte, on passe un fil de fer entre la hausse supérieure et la voisine, et sur celle-ci on adapte immédiatement un couvercle plat (206). On en fait autant les années suivantes, et les gâteaux se trouvent ainsi renouvelés périodiquement.

164. Récolte sur la hausse supérieure. — La seconde méthode de récolter le miel des ruches à hausses présente plus de difficultés que la première, et, si l'on n'y prend garde, elle expose même les ruchées au pillage. Elle consiste à couper avec un fil de fer les gâteaux entre la hausse supérieure et la suivante. Entrons dans quelques détails.

Avant tout, grattez soigneusement le pourget (209) entre les deux hausses dont nous venons de parler ; ôtez tout obstacle tel que clous ou ficelles ; faites ces dispositions préparatoires sur toutes les ruches ; ayez deux fils de fer sous la main, l'un pour remplacer l'autre au besoin ; ayez aussi du pourget en quantité suffisante. Le moment le plus favorable est de cinq heures du soir jusqu'à huit.

Une seule personne peut à la rigueur faire la besogne, mais un aide est bien utile. On débouche le couvercle : c'est par là qu'on enfume la ruchée, jusqu'à ce qu'on voie les abeilles sortir par le bas. Cette fumée est indispensable pour chasser la mère de la hausse supérieure et prévenir la fureur des mouches. On regarde par l'ouverture du couvercle dans quelle direction sont les gâteaux, puis on referme. Au moyen d'un petit coin ou d'un ciseau, on introduit le fil de fer entre les deux hausses et on le place de façon qu'il croise tous les gâteaux. Si l'on est deux, l'un tire le fil de fer et scie en quelque sorte les gâteaux, pendant que l'autre maintient la ruche. Les gâteaux étant coupés (1), on soulève la hausse supérieure, pour passer vite un couvercle entre elle et les trois hausses du bas ; on met trois petits coins d'un centimètre de hauteur entre le couvercle et la hausse supérieure, afin que les gâteaux de celle-ci ne posent pas sur le couvercle et n'interceptent pas la circulation des abeilles. Après cette première opération, qui est d'ailleurs la plus importante, on calfeutre soigneusement les hausses et le couvercle.

Dès le lendemain, bien qu'on puisse attendre une quinzaine de jours, on procède à l'enlèvement de la hausse supérieure, enlèvement qui se fait absolument comme celui des calottes dont nous avons parlé dans l'art. 162.

Quand la ruche à quatre hausses pèse brut 26 kilogrammes, on peut, sans craindre de nuire aux abeilles, enlever tout le miel que contient la hausse supérieure. Mais si le poids brut ne monte qu'à 22 ou même 25 kilogrammes, on ne tire qu'une partie du miel de la hausse supérieure, puis on replace sur la ruche cette hausse avec ce qui lui reste, en lui laissant de préférence les gâteaux du centre. Enfin, si la ruche ne pèse brut que 20 kilogrammes, on n'y touche

(1) Après avoir passé le fil de fer entre les deux hausses, on peut s'en tenir là pour le moment. Le lendemain, au milieu du jour, on enfume par le haut pour chasser les mouches dans le bas ; on enlève la hausse supérieure pour la récolter, et on la remplace seulement alors par le couvercle. Les gâteaux du haut n'ont pas encore été soudés à ceux du bas, les cellules détruites qui ont laissé échapper leur miel sont sèches, elles ont été léchées par les abeilles.

pas, on nuirait considérablement aux abeilles et encore plus
à soi-même.

Passer un fil de fer à travers tous les gâteaux, c'est ef-
frayant, s'écrieront quelques novices : tout l'édifice va
crouler et ensevelir les habitants sous les ruines. Rassurez-
vous, il n'en sera rien. Les gâteaux sont soudés aux parois
de la ruche, ils sont soutenus par des baguettes transversales ; rien ne tombera, rien ne s'affaissera. La seule recommandation à faire, c'est de ne pas travailler par une chaleur
trop grande, de ne pas déranger les hausses inférieures, et
de ne jamais faire cette opération sur des essaims de l'année, parce qu'alors les gâteaux n'ont pas assez de consis-
tance pour résister à une telle épreuve.

165. **Produit moyen des abeilles.** — Le miel et la cire,
voilà le but final que nous nous proposons dans tous nos
soins pour les abeilles. Quelques personnes les cultivent
aussi comme d'autres cultivent les fleurs ; elles se passion-
nent pour ces petits insectes et y consacrent tous leurs loi-
sirs ; elles en font un objet de délassement plutôt qu'une affaire d'intérêt ; qu'elles réussissent plus ou moins bien, ce
n'est pas ce qui les occupe beaucoup. Tout en respectant
cette passion qui tient peut-être la place d'une autre moins
innocente, ce n'est point pour ces personnes que j'ai fait mon
travail. Je m'adresse aux hommes d'industrie qui veulent
exploiter, de la manière la plus avantageuse, cette toute petite portion du vaste domaine de la nature que Dieu nous a
abandonné ; je veux les prémunir contre les déceptions et
les dégoûts, suite ordinaire d'une mauvaise administration ;
je veux enfin leur faire connaître, sans exagération, les bénéfices qu'avec une bonne culture ils ont droit d'attendre. Si
ces bénéfices ne répondent pas à leur ambition, qu'ils re-
noncent aux abeilles, autrement, ils s'exposent à bien des
mécomptes.

Avec une bonne direction, un apier composé de vingt bons paniers fournira, année commune, de 30 à 40 kilogrammes de miel et environ 4 de cire fondue. Mais pour obtenir ce résultat, prenez-y garde, il faut empêcher l'essaimage des abeilles ; le permettre seulement aux meilleures ruchées, afin de remplacer par des essaims tout ce qui viendra à dépérir par une cause ou par une autre. J'entends faire entrer dans mon calcul le miel et la cire des colonies surnuméraires. Il est clair que si, au lieu de m'en tenir à vingt bons paniers, je veux aller jusqu'à vingt-cinq, je compterai comme produit les cinq paniers nouveaux.

Craignant par-dessus tout le reproche d'inexactitude, je vais entrer dans quelques explications. Mes observations ont été faites dans un pays où l'on ne rencontre ni sarrasin ni bruyère, les récoltes de miel n'y sont pas abondantes ; toutefois, je connais des apiers qui donnent des produits plus séduisants ; mais ils ne doivent cette prospérité qu'à des circonstances locales et exceptionnelles.

Ainsi la fleur du Mélilot, si commune dans certaines localités, est d'une grande ressource pour les abeilles dans un moment où elles ne trouvent plus rien ailleurs, c'est-à-dire, en juillet ; ainsi la navette d'été, cultivée seulement dans quelques communes, est une autre cause de prospérité exceptionnelle ; enfin le colza, si avantageux au printemps, n'est pas une plante de tous les pays à grande culture. Mes estimations, au contraire, seraient exagérées pour les grands vignobles : les abeilles y prospèrent moins bien que partout ailleurs, les fleurs des prairies étant presque leur unique ressource.

Les abeilles à portée des forêts donnent ordinairement des essaims plus précoces et plus nombreux que dans la plaine, c'est probablement aux chatons du noisetier et du saule marceau qu'elles le doivent ; mais cette prospérité n'est qu'apparente ; elle se réduit souvent à rien. Ces abeilles rapporteront peu de chose si l'on n'emploie pas toute son industrie à empêcher l'essaimage, ou si l'on ne double pas tous les essaims en en réunissant même quelquefois trois ensemble, quand ils sont par trop faibles.

La plupart de nos forêts privées de bruyère, fournissent moins de miel, en juin et juillet, que les terres cultivées.

166. **Pillage.** — La guerre entre les abeilles peut survenir après la récolte et ce n'est ordinairement qu'à cette époque de l'année qu'elle a lieu. C'est donc le cas d'en parler ici. Nous pouvons la voir à son début, la suivre dans ses progrès et constater la victoire.

Il y a certitude d'hostilité et tentative de pillage, lorsque des abeilles étrangères essaient de s'introduire furtivement dans une ruche. Ces pillardes appartiennent souvent à l'apier dont la colonie attaquée fait partie. On les voit voltiger, tournoyer avec précipitation d'une ruche à l'autre, cherchant à surprendre les sentinelles. Elles font surtout irruption chez les orphelines, c'est-à-dire, dans les familles sans mère, où elles ne trouvent que la faible défense d'une garnison sans chef. Ailleurs, elles rencontrent aux portes des gardes vigilantes, et, si elles veulent entrer, elles sont saisies par les pattes et obligées de prendre la fuite. Jusqu'ici rien n'est à craindre. Mais, si la troupe assaillante grossit à vue d'œil ; si la porte est trop large pour être bien gardée ; si l'ennemi réussit à entrer dans la place, alors il y a grand combat dans l'intérieur, et la présence des morts et des mourants va bientôt vous donner la preuve de la fureur de l'attaque et de l'héroïsme de la défense ; lorsque les choses en sont là, le péril devient imminent. Enfin, quand à la suite de ces luttes acharnées, on voit des masses d'abeilles entrer, sortir rapidement et sans obstacle, c'est que la citadelle est prise et que le pillage a commencé ; si une puissance supérieure n'intervient à propos, quelques heures suffiront pour enlever tout le butin et faire de la ruchée un désert.

167. **Secourir une colonie au pillage.** — N'attendez pas pour venir au secours de la tribu menacée, qu'elle soit réduite à une situation alarmante. Accourez, au contraire, au premier signal de l'invasion : rétrécissez la porte, cependant, laissez-y assez d'espace pour qu'il puisse y passer au moins deux abeilles de front; les colonies fortes en exigent même davantage, sans quoi, il y aurait défaut d'air, ce qui est très-dangereux.

Lorsque la troupe ennemie est nombreuse, animée au combat, et qu'il y a déjà des morts et des mourants, alors hâtez-vous de rendre encore l'entrée plus difficile, plus étroite; calfeutrez le tour des ruches assaillies, pour empêcher les émanations du miel ; aspergez abondamment avec de l'eau de temps en temps, jusqu'à ce que le calme commence à se rétablir. Souvent ce calme ne devient complet qu'à la nuit. Alors, pour prévenir l'asphyxie, vous donnerez de l'air en élargissant l'entrée. Le lendemain matin, vous rétrécirez plus ou moins, selon les exigences. Ordinairement, la fraîcheur de la nuit refroidit l'ardeur des combattants.

Enfin, s'il arrive que les pillardes triompent, si elles se pressent d'entrer et de sortir pour emporter plus vite leur proie, il n'y a plus qu'un parti à prendre, c'est d'isoler la ruchée et de la transporter à une cinquantaine de mètres plus loin. Le soir, si les abeilles montent la garde, si, à l'entrée de la ruche, quelques-unes sont en état de bruissement, on peut espérer que tout n'est pas perdu, que la mère n'a pas succombé, et qu'en rétrécissant beaucoup le passage, on mettra la ruchée en état de résister à de nouveaux efforts. On la reportera alors à sa place ordinaire.

Voici un autre moyen plus sûr. Dès que le combat cesse

et que le pillage commence, on enlève la ruche et on l'enveloppe avec un tablier de cuisine. Les abeilles restent prisonnières pendant vingt-quatre heures, et ce n'est que le lendemain, à la tombée du jour, qu'on leur rend la liberté.

Au lieu de vouloir conserver les ruchées qui ont souffert un peu du pillage, on ferait peut-être mieux, pour en sauver les provisions, de les réunir à d'autres, ou d'en retirer tout bonnement le miel qui y reste.

168. **Cause du pillage.** — Le pillage vient toujours d'une faute. Ainsi, si l'on néglige au printemps de porter à la maison, de demi-heure en demi-heure, les gâteaux qu'on retire des ruches (50) ; si, lorsqu'on nourrit les abeilles, on oublie les précautions que nous avons recommandées (64), il y aura tentative de pillage plus ou moins sérieuse. Le danger est plus grand, quand la récolte du miel se fait à une époque où la campagne ne fournit plus rien ; il faut alors des soins minutieux, sans quoi, les irruptions seront audacieuses et souvent couronnées de succès. Il faut travailler dans une chambre, reporter chaque ruchée, la calfeutrer, en rétrécir la porte, avant de passer à une autre ; ou bien il faut faire le tout en plein air, mais à une heure avancée du jour, afin qu'au besoin, la nuit vienne en aide.

Il y a des gens qui, pour ne rien perdre, exposent devant l'apier des terrines, des ruches, des gâteaux où il reste encore quelques gouttes de miel : c'est une grande imprudence. Les abeilles, après avoir léché ruches et terrines voudront continuer à se régaler aux dépens d'autrui : elles iront porter l'inquiétude et le trouble dans les autres familles.

169. **Pillage latent.** — J'appelle de ce nom des larcins continus que des familles commettent sans violence chez d'autres familles. Aucun indice extérieur ne fait soupçonner cette espèce de pillage; cependant, on est forcé de l'admettre, car les faits à l'appui sont trop nombreux.

Ainsi, une colonie, que j'avais déplacée pour la réunir à une autre plus loin, s'en est vengée en allant prendre deux kilogrammes de miel à son ancienne voisine. C'est en renouvelant la pesée de l'une et de l'autre que j'ai pu me convaincre de la fraude ; la première avait gagné exactement ce que la seconde avait perdu. Les autres colonies avaient toutes conservé le même poids.

Ainsi, en 1858, ayant pesé une trentaine de ruchées, une première fois le 1er juillet, une seconde fois le 19 octobre, j'ai trouvé une perte de 4 kilogrammes chez une des plus faibles, tandis que la plus forte n'avait perdu qu'un kilogramme et demi.

Ainsi, après une double pesée en août et avril, on trouve que des colonies très-fortes ont beaucoup moins mangé pendant l'hiver que d'autres de même population.

Enfin, au moment de la récolte du miel, comment expliquer la richesse surprenante de cette famille qui, au printemps, ne promettait pas plus que beaucoup d'autres.

LES ABEILLES EN SAISON MORTE.

170. Visite des ruchées après l'essaimage. — Un véritable apiculteur attachera toujours une grande importance à visiter ses ruchées cinq ou six semaines après l'essaimage. Cette visite ne doit se faire qu'à quelques familles et non pas à toutes. Il est au moins inutile de déranger les essaims qui travaillent avec une grande activité ; les colonies qui, n'ayant pas essaimé, ont une nombreuse population ; les souches d'essaims qui paraissent visiblement se repeupler et augmenter sensiblement leur poids. Mais il ne faut négliger aucune des ruchées qui sont faibles et peu actives ; qu'elles aient essaimé ou non, on doit les visiter dans l'intérieur et s'assurer si elles ont du couvain d'ouvrières. Les petits essaims qu'on a réunis au moment de l'essaimage, les ruches qui ont donné deux essaims sont les plus exposées à perdre leur mère. C'est là surtout qu'il faut porter notre attention. Ne balançons pas un moment à détruire ou à réunir immédiatement toutes les familles où nous ne trouvons pas de couvain d'ouvrières.

Une souche qui, trente-cinq ou quarante jours après le jet de son premier essaim, n'a pas de couvain d'ouvrières operculé, n'en aura jamais. On ne peut donc faire mieux que de la démolir ou d'utiliser son miel et sa population en la réunissant à une autre ruchée.

171. Les orphelines après l'essaimage. — Les orphelines, comme nous l'avons dit, sont des familles privées de mère. On en rencontre au printemps et en juillet. Nous avons parlé des premières (71), nous allons nous occuper des autres. Les orphelines de juillet présentent des caractères extérieurs qui les font reconnaître avec assez de facilité, sans qu'on ait besoin de les visiter intérieurement. Jetez un coup d'œil sur l'apier entre midi et trois heures, au moment où les bourdons vont prendre l'air sous un ciel serein. Voyez comme ces malheureux sont chassés de partout, excepté de quelques ruchées où ils jouissent d'une liberté complète pour aller et venir. Ces ruchées ont très-peu d'activité et une faible population, les ouvrières qui reviennent chargées de pollen y sont rares, le bruissement y est nul ou presque nul le matin et le soir : tous ces caractères réunis vous donnent la certitude que la mère manque. Pour peu que vous en doutiez, visitez l'intérieur : il y a beaucoup de bourdons, mais aucune trace de couvain d'ouvrières, quelquefois du couvain de bourdons de tout âge, une quantité étonnante de cellules remplies de pollen. Quand ces signes intérieurs viennent confirmer les caractères extérieurs, le doute n'est plus possible.

Les familles les plus exposées à devenir orphelines sont celles qui donnent un essaim secondaire, surtout lorsque cet essaim, retardé par le mauvais temps, ne sort que de douze à quinze jours après le primaire (125). On trouve même des orphelines, quoique bien rarement, dans un panier d'essaim. Cela vient d'une réunion de deux essaims sans réussite : les deux mères ont péri.

Nous avons vu (20) qu'une colonie récemment privée de mère, peut s'en faire une avec des vers d'ouvrières âgés de trois jours au plus ; mais le malheur des orphelines devient irréparable, quand il dure depuis cinq ou six semaines. Qu'on leur donne alors du couvain de tout âge ; les œufs écloront, les larves seront nourries, les nymphes sortiront de leur cellule ; mais les choses en resteront là, les abeilles ne songeront point à se donner une mère. Allons plus loin. Qu'on leur donne une mère fécondée, vous pensez qu'elles vont la recevoir avec joie ; non, elles ne la maltraiteront pas trop d'abord, mais elles ne lui laisseront pas la liberté de ses mouvements et finiront par s'en débarrasser. Des expériences souvent répétées ne me laissent aucun doute à cet égard (22).

172. Que faire des orphelines ? — Une famille d'orphelines est exposée à des dangers de toute sorte. Au jour du pillage, c'est elle qui succombe la première ; si elle échappe à ce fléau, la fausse-teigne vient l'attaquer et en dévorer la cire en peu de temps. Ce n'est pas tout. Les bourdons mangent une bonne part de ses provisions ; et si par hasard la population peut gagner l'hiver, réduite à un petit nombre de membres, elle périt de froid entre ses gâteaux remplis de pollen. Voilà la destinée d'une ruchée orpheline, quand elle est abandonnée à elle-même.

Un propriétaire soigneux saura distinguer, au plus tard dans le mois d'août, chaque ruche en deuil de sa mère ; il ne manquera pas de les supprimer le plus tôt possible, ou de les réunir à d'autres ruches qui n'auront pas leurs provisions d'hiver. Ces réunions se font avec succès. Un essaim médiocre auquel on réunit une orpheline qui a du miel, devient une très-bonne ruchée au printemps.

C'est une chose curieuse de voir ce qui se passe dans une orpheline que l'on réunit à une population qui a une mère. Les bourdons de l'orpheline sont immédiatement tués ou chassés. Cependant, on les laisserait vivre si l'autre population ne s'était pas encore débarrassée de ses propres bourdons.

Le miel qu'on retire des orphelines est de mauvaise qualité, il est trop mélangé de pollen : aussi j'aime beaucoup mieux réunir ces orphelines à d'autres ruchées que de récolter leur miel. C'est bien le même miel que celui des autres ruchées ; mais, dans les rayons du centre, des milliers de cellules remplies de pollen se trouvent côte à côte de plusieurs autres milliers de cellules remplies de miel.

173. Les vivres doivent être complétés en septembre. —

Peu d'apiculteurs se rendent compte de ce qui se passe dans une colonie dont on veut compléter les provisions. On se persuade que les abeilles emmagasinent toute la nourriture qu'on leur donne. La vérité, c'est qu'elles ne le font que pour les deux tiers et quelquefois pour la moitié.

Supposons deux ruchées de population égale, dont l'une pèse trois kilogrammes de plus que l'autre ; pour rendre la dernière aussi lourde que la première, nous lui donnons trois kilogrammes de miel, voici ce qui arrive : un tiers du miel, huit jours après, a disparu ; un mois après, il n'en reste plus que moitié, c'est-à-dire qu'elle pèse un kilogramme et demi de moins que la plus lourde.

Ce déficit tient à deux causes. Une ruchée que l'on nourrit élève du couvain dans le temps même où les autres ruchées n'en élèvent plus, voilà la première cause du déficit. En second lieu, les abeilles, pendant qu'elles emmagasinent, établissent l'état de bruissement et le continuent encore plusieurs jours après ; elles font donc une dépense de force vitale qu'elles ne peuvent réparer que par une nourriture plus abondante. Cela est si vrai, qu'une population qui est au repos depuis le coucher du soleil perd très-peu de son poids, tandis que celle qui est en état de bruissement perd beaucoup plus. Cette perte évidemment ne peut être attribuée qu'à la transpiration insensible, puisque les abeilles ne sont pas sorties de toute la nuit.

C'est donc une mauvaise spéculation de nourrir une colonie à laquelle il manque une partie notable de ses provisions, à moins qu'on ne lui donne du miel d'une vente difficile ou du sirop (65 et 66).

On ne devrait jamais donner de supplément de nourriture qu'aux populations fortes qui peuvent, avec leurs propres ressources, vivre jusqu'aux premiers jours d'avril. Compléter les vivres d'une population faible, c'est presque toujours une dépense inutile de temps, de patience et d'argent.

La réunion des ruchées faibles ou mal approvisionnées est toujours ce qu'il y a de mieux à faire. Cependant, si l'on veut absolument les nourrir, il ne faut pas attendre jusqu'à l'arrière-saison. Les abeilles par les nuits froides d'octobre emmagasinent trop lentement la nourriture, surtout le sirop de froment (66) ; d'un autre côté, c'est les exposer à la dyssenterie et le couvain à la pourriture. Les provisions doivent être complétées en septembre au plus tard.

Quelquefois, j'ai enlevé en juillet à de bonnes ruchées des calottes pleines de miel, pour les donner à des essaims faibles, et j'ai presque toujours réussi à en faire de bons paniers. Cette dernière manière de compléter les provisions me paraît donc la plus convenable : les abeilles ne touchent aux rayons de la calotte qu'au fur et à mesure de leurs besoins ; néanmoins, elle n'est pas encore sans danger, car, si l'hiver est long et rigoureux, les abeilles, après avoir épuisé le miel du bas, ne peuvent pas monter dans la calotte, elles périssent de faim à côté de l'abondance.

174. Une ruchée en nourrissement se laisse piller. — Des abeilles qui emmagasinent font toujours entendre un fort bruissement. Deux familles d'abeilles en bruissement que l'on réunit ne se font pas la guerre. Voilà des faits incontestables. Ainsi, une ruchée qui emmagasine n'opposera qu'une faible résistance à l'attaque des pillardes, si la troupe assaillante est nombreuse ; rétrécissez donc la porte de la famille que vous nourrissez ; les assaillantes n'oseront pas s'aventurer dans un passage étroit ; les quelques abeilles qui sont de garde suffiront à les éloigner. N'élargissez la porte que lorsque le bruissement commence à diminuer, et ne vous étonnez pas s'il dure un jour ou deux après que toute la nourriture aura été enlevée.

175. Réunion de fin d'année. — Réunir deux ruchées,

c'est de deux populations distinctes n'en faire qu'une. Une
seule mère suffit. Non-seulement, elle suffit, mais il y a
incompatibilité absolue entre deux mères : l'une devra suc-
comber sous les coups de sa rivale. Aussi, quelques jours
après la réunion, on trouve toujours une mère étendue
sans vie, sous la ruche ou en avant.

Les réunions de fin d'année sont d'une grande importance
pour la prospérité d'un apier. Quand la campagne a été
mauvaise, que faire de tant d'essaims et de souches qui n'ont
pas suffisamment recueilli de butin pour l'avenir? Les supprimer en masse, ce serait quelquefois perdre la moitié d'un
apier. Tuer les uns pour nourrir les autres, ce serait encore
un mauvais calcul ; puisqu'il est bien constaté, d'une part,
qu'une colonie bien peuplée ne mange guère plus en hiver
qu'une autre beaucoup moins peuplée, et que, d'autre part,
la supériorité de travaux d'une ruchée forte sur une faible est
étonnante. Il ne faut donc jamais détruire les familles, mais
les réunir, les agglomérer. Par cette réunion, il y aura d'a-
bord économie de miel et ensuite augmentation de produit :
les deux peuples fondus en un seul ne consommeront pas
autant et développeront bien plus leur industrie que s'ils
étaient restés séparés.

Il n'y a pas d'époque déterminée pour opérer les réunions
de fin d'année. On peut le faire dans les premiers jours
d'août, après la récolte du miel ; mais j'aimerais mieux attendre jusqu'à la dernière quinzaine d'octobre. Quelquefois,
les deux mères succombent dans la lutte ; mais cet accident
est rare, et on ne doit pas en tenir compte. Du reste, on a
toujours la ressource de faire au printemps une autre fusion.

176. Peuplade devant être réunie. — Quand on connaît
les difficultés de nourrir les mouches en hiver ; quand on
sait que les secours journellement prodigués aux familles in-
digentes n'aboutissent ordinairement qu'à prolonger leur mi-

sère ; quand on est surtout convaincu de la supériorité du nombre dans l'association, sur les petits groupes dans l'isolement, on n'hésite jamais en automne à ne faire qu'un panier de deux paniers, dont les propres ressources sont insuffisantes pour atteindre au 10 avril suivant. Ainsi donc, si la réunion a lieu en août, elle se fera pour les ruches qui n'auront pas 6 kilogrammes de miel ; et si elle est retardée jusqu'en octobre, elle ne comprendra plus que les paniers qui n'en auront pas 5 kilogrammes. Les essaims qui n'auraient pas tout à fait l'un ou l'autre poids peuvent à la rigueur rester seuls. Il faut que les deux ruchées à réunir en une seule, possèdent ensemble 9 kilogrammes de miel en août et 8 en octobre. Les plus légères seront réunies aux plus lourdes. Quant à celles qui n'ont qu'une population minime avec 1^k,000 ou 1,500 grammes de miel, elles ne valent pas la peine qu'on s'en occupe beaucoup. J'aimerais mieux en secouer les abeilles et en démolir les gâteaux, comme je l'ai dit au sujet des réunions du printemps (72). On associe de préférence deux ruchées voisines, quand même il leur manquerait quelque peu du poids exigé. Rien alors n'est dérangé dans les habitudes des abeilles, qui retrouvent leur place sans aucune difficulté.

Pour estimer la quantité de miel d'une ruche, voir l'article 157.

Toute ruche à trois hausses devra être réduite à deux avant de subir la réunion.

177. Réunion des ruches communes. — La réunion des ruches communes est facile. Voici comme on l'opère. Après avoir excité le bruissement dans les deux paniers qu'on veut associer, on renverse l'un à ciel ouvert et on place l'autre par-dessus ; on calfeutre le tout avec soin, en laissant une seule porte entre les deux ruches et on termine par quelques bouffées de fumée. Les abeilles logées dans la ruche supérieure mangeront, le miel du bas avant celui du haut, et, au printemps, on supprimera la ruche vide. On voit que l'opération est bien simple, seulement, elle exige une distribution convenable de l'apier, dont chaque étage doit être assez haut pour permettre la superposition des ruches. C'est une disposition qu'il est aussi facile que peu coûteux de donner aux apiers auxquels elle manque.

Quelquefois la mère et le gros de la troupe se tiennent dans le bas ; vous le constatez, au printemps, par la présence du couvain. Il faut alors supprimer la ruche du haut. Enfin, il y aura peut-être beaucoup de monde dans les deux paniers. Ne vous en inquiétez pas, et supprimez celui des deux qui n'a pas de couvain ; les abeilles ne tarderont pas à l'abandonner pour se réunir à leur mère. Si elles y mettaient quelque lenteur, secouez-les, démolissez les gâteaux et enlevez le miel qui peut s'y trouver.

Ayez bien soin de ne pas laisser de vide entre les deux ruches. Rien qu'un centimètre d'intervalle entre les gâteaux pourrait empêcher la réunion des deux familles. Chacune se tiendrait chez elle, et la première qui manquerait de vivres, périrait sans que vous pussiez vous en douter.

Puisque c'est la ruche du haut que l'on doit conserver au printemps, il faut, autant que possible, placer la moins âgée au-dessus de l'autre.

L'apiculteur qui aurait l'intention de transformer ses ruches communes en ruches à calotte ferait une ouverture de 6 à 8 centimètres au sommet de la ruche à supprimer, y établirait une plate-forme sur laquelle il poserait la ruche à conserver. Avant tout, il lirait attentivement les deux articles suivants et encore l'article 199.

178. Réunion des ruches à calotte. — Quand on a fait choix de deux ruches à calotte pour les réunir, on enlève la calotte de la ruche à supprimer, et on la remplace par la ruche à conserver. On laisse une porte à chaque ruche et on a bien soin que les mouches d'en bas puissent facilement communiquer avec celles d'en haut au moyen d'un petit gâteau. En provoquant le bruissement avant et après la réunion, il y aura très-peu de victimes. Les choses resteront en cet état jusqu'aux derniers jours de mars. A cette époque, on supprimera la ruche inférieure. On fera bien de consulter l'article suivant.

Si, au moment de la réunion, il y a des abeilles dans la calotte que l'on supprime, on les secoue à terre, comme nous l'avons dit pour les réunions du printemps (72).

179. **Réunion des ruches à hausses.** — Le premier panier qui se présente est un essaim ; le second, une souche ; associons-les, et, quoique l'essaim soit le plus léger, plaçons-le par-dessus l'autre de la manière suivante :

Nous commençons par mettre l'essaim en état de bruissement ; nous passons ensuite à la souche, nous débouchons le trou de son couvercle, et l'enfumons par cette ouverture jusqu'à ce que les abeilles s'enfuient par la porte, nous faisons passer un fil de fer entre la hausse supérieure et le couvercle que nous enlevons ; puis nous allons chercher l'essaim pour le placer par-dessus les gâteaux mis à jour ; nous calfeutrons soigneusement les deux ruches en laissant néanmoins entre elles une petite porte pour trois ou quatre abeilles de front. La porte de la ruche inférieure reste ouverte telle qu'elle était auparavant. Ainsi, la ruche doublée a deux entrées, celle du bas et celle du haut. Elle reste en cet état jusqu'au printemps. A cette époque, nous supprimons la ruche inférieure dans laquelle il n'y a plus ni miel ni couvain. En effet, la porte du haut donnant de l'air aux abeilles, celles-ci se sont tenues dans l'étage supérieur, elles ont mangé d'abord le miel d'en bas ; ce n'est que par les grands froids qu'elles ont entamé le miel d'en haut.

Une recommandation bien importante, c'est de ne pas laisser de vide entre les gâteaux des deux ruches : il faut de toute nécessité que les abeilles puissent communiquer facilement de l'une à l'autre. Nous plaçons donc, si le cas l'exige, d'autres gâteaux entre les deux paniers ; ils servent comme d'échelle pour monter ou descendre à volonté.

Il suffit que l'essaim ait environ 3 kilogrammes de miel pour avoir la place d'en haut. S'il n'en avait que 2, par exemple, il faudrait le réduire à sa hausse supérieure et le mettre tout simplement par-dessus le couvercle de la souche, en ne laissant d'autre porte que celle d'en bas.

Les deux ruchées qui viennent ensuite sont deux souches : nous élevons la plus pesante sur l'autre, en suivant exactement les mêmes prescriptions.

Les réunions ne doivent se faire que deux ou trois heures avant la nuit, afin de prévenir le danger du pillage.

Quelquefois, au lieu d'enlever le couvercle de la ruche inférieure, je me contente de le déboucher et de placer l'autre ruche par-dessus; en laissant une petite ouverture au bas de cette dernière. Les abeilles se décident presque toujours à abandonner le bas pour se concentrer dans le haut. Cette seconde manière n'est pas aussi sûre que l'autre et ne doit être pratiquée qu'autant que la ruche supérieure peut, avec ses propres ressources, traverser les froids de l'hiver.

Il faut toujours enfumer convenablement les mouches et rendre en même temps leurs communications faciles. Par ce moyen, les deux colonies s'abordent et se mêlent sans combat.

180. Les trois secrets de l'apiculture. — Beaucoup de miel produit une grande population et une grande population produit beaucoup de miel : le miel et la population réagissent donc l'un sur l'autre et deviennent tour à tour cause et effet. Les conséquences de ces deux principes, nous conduiront aux trois secrets de l'apiculture.

D'abord, beaucoup de miel produit une grande population. Cette proposition est appuyée sur des faits incontestables.

Premier fait. Voici deux essaims : l'un est précoce et amasse dix kilogrammes de miel dans sa campagne ; il sera au printemps, sans aucun doute, une des meilleures colonies de l'apier ; l'autre, en sortant de la souche, est aussi peuplée que le premier, mais il est tardif et n'amasse que six kilogrammes de miel. Pensez-vous qu'au printemps, il sera encore aussi peuplé que l'autre ? Non, il le sera beaucoup moins.

Second fait. Vous avez deux ruchées très-fortes, très-lourdes en juillet ; vous ne laissez à la première que bien juste ses provisions d'hiver ; vous ne touchez pas à la seconde. Croyez-vous encore qu'au printemps, la première aura autant d'habitants que la seconde ? Détrompez-vous, la différence sera grande. C'est évidemment le miel qui a conservé la population de cette ruchée, aussi bien que celle de l'essaim. Il faut donc en juillet laisser aux abeilles au-delà de leur nécessaire, si on veut les retrouver non décimées au printemps. C'est le premier secret.

Une grande population produit beaucoup de miel. Le prouver, ce serait vouloir discourir bien au long, pour apprendre que c'est le soleil qui répand la lumière et la chaleur sur la terre. Une nombreuse cité d'ouvrières produit énormément, tandis qu'un chétif atelier ne produit rien. Il faut donc agglomérer les petites communautés pour en faire de grandes ; il faut donc à l'arrière-saison réunir les ruchées médiocres. C'est le deuxième secret.

Nous avons dit ailleurs (130) et nous répétons ici, qu'un essaim fort, amassera non pas deux fois, mais de trois à quatre fois autant qu'un autre essaim du même jour qui serait faible de moitié. Il faut donc encore doubler tous les essaims faibles ou tardifs. C'est le troisième secret.

Oui, les trois secrets de la véritable et bonne apiculture sont, premièrement, de laisser toujours aux ruchées un superflu de 2 à 3 kilogrammes de miel ; secondement, de réunir en automne, dans les mauvaises années, toutes les ruchées faibles ou légères ; troisièmement, de doubler, au moment de l'essaimage, tous les essaims faibles ou tardifs.

Pour être mis en pratique, ces trois secrets n'exigent ni science ni étude. Le bon sens et l'assiduité en tireront plus de profit que des plus gros livres.

Je n'ai eu qu'une seule fois l'occasion de me repentir d'avoir laissé trop de miel aux ruchées. Les abeilles, en 1840, n'ont commencé à gagner du poids qu'en juin. Les ruchées les plus lourdes avaient élevé, en avril et mai, une immense quantité de bourdons qui ont mangé les provisions. Les plus légères en ont élevé peu et plus tard. Il est arrivé de là que les ruchées, qui étaient les moins lourdes et les moins peuplées au printemps, valaient, en juillet, les autres pour le poids et la population.

181. Soins aux ruchées avant l'hiver.— Pour les ruchées, l'hiver commence en octobre. C'est le moment de les préparer à traverser la mauvaise saison. On aura soin de les calfeutrer exactement, de veiller surtout à ce que le couvercle des ruches à hausses soit hermétiquement fermé. La moindre ouverture y établirait de bas en haut un courant d'air meurtrier aux abeilles. Il faut de l'air en hiver comme en été ; il faut que les mouches aient toute liberté de sortir et de rentrer ; on ne fermera donc pas la porte, mais j'aimerais qu'on la disposât de telle façon que les ennemis (190) ne pussent point y passer, et que cependant les abeilles pussent facilement entraîner leurs morts au dehors. Ainsi,

une porte large de 4 à 5 centimètres et haute de 9 millimètres me paraît très-convenable. Elle serait peut-être encore
plus commode, si elle avait de 2 à 3 centimètres de largeur
sur 16 millimètres de hauteur; mais alors une pointe en fer
couperait la hauteur en deux parties égales qui n'auraient
plus chacune que 8 millimètres. Avec cette disposition, les
mouches mortes n'obstrueraient jamais le passage. (Fig. 8.)

182. Hivernage des ruchées. — Il est généralement reconnu que les ruchées qui passent la mauvaise saison en
plein air souffrent moins que celles qui la passent dans une
chambre obscure et isolée. Dans les dernières, chose étonnante, l'humidité et la mortalité sont plus grandes que dans
les autres. On laissera donc les ruchées en plein air; on se
contentera de les garantir de la pluie. Quelques personnes
les enveloppent soigneusement pour l'hiver. C'est un manteau qu'elles leur donnent contre le froid. Je n'ai jamais eu
cette attention; cependant, loin de la blâmer, je la crois
bonne surtout pour les ruchées à faible population. Il est à
craindre seulement que le manteau ne serve de retraite aux
mulots (190).

Des apiculteurs peu expérimentés placent des paillassons,
des planches devant les ruches; c'est une attention désastreuse qui n'empêche pas les abeilles de sortir, mais qui ne
leur permet plus de rentrer. Si vous tenez à vos planches
et paillassons, mettez-les de façon que les mouches puissent,
en revenant de leurs courses, voir et retrouver la porte de
la maison.

Pendant l'hiver, les ruchées ne demandent que la tranquillité et le repos. Ne les inquiétez pas par des visites impor-
tunes, contentez-vous de voir de temps en temps si les
portes ne sont pas obstruées. Surtout pas de mouvement
brusques; les abeilles, qui sont sensibles aux secousses les
plus légères, s'agiteraient; quelques-unes se détacheraient

en éclaireurs, et surprises par le froid, elles ne pourraient plus rejoindre le gros de la famille.

Il n'est pas rare de voir en morte saison des bourdons morts à la porte de quelques ruchées. Certains apiculteurs pourraient craindre qu'elles ne fussent orphelines. Sans doute, il peut y en avoir dans le nombre qui soient sans mère; mais généralement ces colonies qui produisent quelques rares bourdons ne doivent donner aucune inquiétude.

183. Colonie bien conditionnée pour l'hiver. — Les colonies bien peuplées et fortement approvisionnées, traversent sans accident les hivers longs et rigoureux. Les essaims de l'année, pourvu qu'ils aient des provisions jusqu'au mois d'avril ne les craignent pas non plus. Mais les paniers à vieille cire, peu peuplés et dont les provisions sont disséminées, souffrent même dans une hiver ordinaire; souvent, ils perdent le quart ou la moitié de leur faible population.

Les abeilles, qui ont au-dessus de leurs têtes une bonne provision de miel, et qui, au-dessous, se trouvent à la proximité de l'air extérieur, sont dans les meilleures conditions pour passer l'hiver. Elles peuvent supporter les froids les plus longs et les plus rigoureux.

Ainsi, une ruche jaugeant 25 litres, qui aurait un approvisionnement de dix kilogrammes de miel, se trouverait dans de très-bonnes conditions; les mouches seraient comme enveloppées de miel, elles en auraient dans le haut et sur les côtés de leur habitation.

Les abeilles, pendant l'hiver, ne se tiennent pas entre les rayons pleins de miel, elles y périraient de froid; elles se groupent, au contraire, entre les gâteaux vides ou à demi-remplis du centre de la ruche; il faut donc qu'il y ait au centre assez de gâteaux sans miel pour loger toute la population qui, du reste, se resserre étonnemment pendant les froids.

184. Ruchées en silo ou en chambre obscure. — Dans ces derniers temps, on a fait grand bruit d'un mode d'hiverner les ruches, mode qui, disait-on, économisait les vivres et conservait les populations. Laissons parler M. Debeauvoys :

« Je dois signaler ici avec l'autorisation de son auteur, M. Antoine, apiculteur à Reims, la méthode qu'il emploie avec le plus grand succès depuis une douzaine d'années, pour la conservation des abeilles pendant l'hiver.

» Vers le 15 novembre, M. Antoine creuse une fosse de 70 centimètres de profondeur, sur une largeur et une longueur suffisantes pour recevoir vingt ruches, si elles sont faibles, quatorze si elles sont d'une force moyenne, et huit seulement si elles sont fortes. Il pose les tabliers sur le fond de la fosse, met dessus chacun, deux madriers de 10 centimètres d'épaisseur pour supporter les ruches. Il les enveloppe bien de paille, les recouvre de vieilles planches, met toute la terre sortie du trou par-dessus. Il choisit le milieu d'un champ, nivelle la surface et sème dessus, comme le reste du champ. Ce n'est que du 15 février au 15 mars qu'il les retire de cette captivité.

» Cette méthode, pas assez connue, lui a valu une médaille d'argent que la Société impériale et centrale d'agriculture lui décerna en 1849, et une autre de la Société protectrice des animaux, de Paris, en 1850.

» Il perd très-peu d'abeilles ; elles consomment moins, et la mère commence sa ponte bien plus tôt. »

Observations.— Une plante semée au 15 novembre et récoltée au 15 mars, à Reims,................. c'est hâtif.

Des abeilles qui font un demi-jeûne pendant quatre mois........................... c'est économique.

Des abeilles qui répondent presque toutes à l'appel du maître........ .... c'est louable.

Une reine enterrée qui commence sa ponte bien plus tôt.. c'est merveilleux.

Deux médailles décernées par deux Sociétés compétentes.. c'est encourageant.

Malgré ces magnifiques résultats, nous vous dirons encore, lecteur, *laissez vos ruchées en plein air.* Oui, je connais des apiculteurs trop confiants qui ont fait une douloureuse expérience des caves et des silos.

A la sortie de l'hiver, on remarque toujours, dans les paniers placés près des murs d'un apier couvert, plus d'humidité et de moisissure que dans les autres qui sont plus aérés ; que doit-il se passer dans une cave ou un silo ?

Marchons vers le progrès, mais non à la façon de l'écrevisse.

Le 19 novembre 1861, j'ai transporté huit fortes ruchées, au second étage de ma maison, dans une chambre isolée et tout à fait obscure. Elles y sont restées jusqu'au 14 février. Eh bien ! au printemps, ces huit familles étaient comptées parmi les moins peuplées. Elles avaient plus souffert de l'humidité que celles qui avaient passé l'hiver sur l'apier. Le plateau, les parois intérieures des ruches, tout était mouillé.

185. **Soins aux ruchées pendant 'es neiges.** — Quelquefois dans nos contrées, les ruches se trouvent couvertes d'une couche de neige plus ou moins épaisse. On doit la balayer légèrement avec une brosse à long poil, sans oublier d'en débarrasser la porte. Mais lorsque la neige recouvre la terre et qu'il fait un beau soleil de février, on peut s'attendre à bien des soucis. Si on ferme les portes, les mouches feront des efforts inouïs pour sortir de leur prison, il en périra beaucoup ; si, au contraire, elles ont toute liberté, elles s'échapperont avec joie ; mais après une course de quelques minutes, bon nombre d'entre elles, fatiguées, refroidies, reviendront tomber sur la neige en avant de l'apier, et une

fois tombées ne se relèveront plus. Malgré les inconvénients de cette liberté, j'aime encore mieux la donner ; mais alors, je répands sur une étendue de 4 à 5 mètres en avant de l'apier de la paille clair-semée. Les abeilles s'y reposent et bientôt réchauffées par le soleil, elles reprennent leur vol pour rentrer dans la ruche. Le mieux serait peut-être de fermer les ruches momentanément et d'empêcher l'action du soleil en plaçant des planches ou des paillassons en avant.

186. **Miel qui coule des ruches en hiver.** — Il se passe peu d'hiver où je ne voie couler le miel d'une ou de plusieurs ruchées. Ce miel est très-liquide, si on n'y fait pas grande attention, on peut le confondre avec de l'eau ; il faut le toucher et le goûter pour s'assurer que c'est du miel. J'ignore la cause de cet accident. Les ruchées qui passent l'hiver en chambre obscure y sont exposées, autant que celles qui restent sur l'apier. Ce sont les gâteaux les plus éloignés du centre qui laissent ainsi échapper leur miel. J'augure mal des ruchées auxquelles arrive cet accident, c'est un signe de faiblesse.

ENNEMIS ET MALADIES DES ABEILLES.

187. **Ennemis des abeilles en été.** — *Moineau, pinson, rossignol.* Ces trois oiseaux sont accusés bien injustement d'en vouloir aux abeilles. Ils ne fréquentent les apiers que dans la saison des nichées. Très-avides des larves et des nymphes avortées que les mouches rejettent des ruches, ils viennent les saisir jusque sur le tablier même de la ruche, et vite ils vont en régaler leurs petits. Voilà tout leur crime. Jamais, ils ne touchent à une abeille arrivée à l'état d'insecte parfait.

Hirondelle. Je suis persuadé que l'hirondelle ne fait la chasse aux abeilles ouvrières que rarement et faute de mieux ; mais il paraît certain qu'elle ménage moins le faux-bourdon, qu'elle le recherche pour en nourrir ses enfants au berceau, je parle de l'hirondelle qui établit son nid sous les toits.

Grenouille et crapaud. Ces deux batraciens gobent, dit-on, toutes les abeilles qui passent à leur portée. Je le crois volontiers ; mais malheureusement on n'y peut rien, si ce n'est de détruire avec soin les quelques crapauds qui auraient établi leur domicile près d'un apier.

Les grosses araignées. Il faut les détruire, ainsi que leurs toiles ou filets.

Guêpes et frelons. Les guêpes inquiètent plutôt les abeilles qu'elles ne leur nuisent. Les frelons sont plus dangereux, ils saisissent les abeilles et les dévorent dans un instant ; heureusement qu'ils sont peu communs dans nos contrées.

La fourmi n'attaque que les ruches mal gardées, et dans un état complet de délabrement ; c'est donc un avertissement qu'elle nous donne de démolir ces ruches.

Contrairement à ce que je viens de dire, on a vu, dans

les montagnes des Vosges, un apier, composé de dix ruches, détruit par les fourmis au milieu de l'été.

Le sphinx atropos ou papillon tête de mort est déclaré, depuis 50 ans, voleur du butin des abeilles ; c'est Huber, fils du célèbre naturaliste de ce nom, qui, sur le témoignage de *ses gens* et des *paysans* de sa localité, a porté ce jugement contre le roi des papillons ; mais, attendu que depuis Huber personne n'a pu constater ses déprédations, attendu que sa grosseur et sa conformation ne lui permettent guère de s'introduire entre les gâteaux, la justice exige qu'on le réhabilite dans l'opinion et qu'on réforme l'arrêt de sa condamnation.

La *libellule* ou demoiselle, la *philanthe,* la *chrysomèle* sont accusées de se nourrir d'abeilles, elles ou leurs larves. Comme il est plus facile de dénoncer ces coupables que de les saisir, nous n'en parlons que pour mémoire.

188. **Poux des abeilles.** — Cet insecte n'est pas plus gros que la tête d'une petite épingle. Il se tient sur le corselet ou entre le corselet et l'abdomen de l'abeille. C'est son parasite; il vit à ses dépens, il va, il vient d'une mouche à une autre avec une étonnante facilité ; il a une préférence marquée pour la mère dont le corselet en est parfois entièrement couvert. Les ouvrières n'en portent qu'un ou deux au plus ; il est difficile de le saisir avec les doigts, il faut de toutes petites pincettes.

Je ne sais si les poux nuisent beaucoup aux abeilles. J'ignore également le moyen de les en garantir. Du reste, il n'y a jamais qu'un très-petit nombre d'ouvrières atteintes de cette vermine.

Le 9 juillet 1859, ayant enlevé un chapeau plein de miel à une ruchée très-lourde et très-peuplée, j'y trouvai la mère couverte de poux. Je la plongeai dans un verre d'eau, afin qu'en les asphyxiant un peu, je pusse les saisir plus aisément. La mère sortit du bain très-vigoureuse; mais en la tenant toute

mouillée entre les doigts, je bouchai probablement les organes respiratoires, car je la vis s'affaisser graduellement. Je
la déposai sur une feuille de papier au soleil pour la sécher
espérant la sauver, mais elle se mourait visiblement ; déjà, je
la croyais perdue, si je n'eusse remarqué chez elle des mouvements presque imperceptibles du ventre. Cet état d'agonie
dura huit ou dix minutes. Bientôt, elle remua les pattes de la
denière paire, puis les antennes, et enfin se releva complétement.

Je la rendis à sa famille après l'avoir délivrée de trente-
deux poux, dont plusieurs étaient blancs, les autres jaunes.
Cette mère, née en 1857, était très-féconde, elle appartenait
à une colonie qui depuis le printemps avait prospéré d'une
manière merveilleuse. J'en attendais un essaim, mais il n'est
pas venu ; ce sont peut-être les poux qui ont empêché la
mère de sortir.

189. **Fausse-teigne.** — Le plus implacable ennemi des
abeilles, la *fausse-teigne*, est une chenille d'un blanc sale,
ayant la tête brune et écailleuse. Elle paraît au mois de mars.
Déjà à cette époque, on voit, de grand matin, à l'entrée des
ruches des chenilles de teigne que les abeilles ont retirées
pendant la nuit. Elles proviennent d'œufs qui ont été pondus
avant l'hiver ; car le papillon ne commence ordinairement
sa ponte que sur la fin d'avril, et on continue de le voir jusqu'au mois d'octobre.

Il faut aux chenilles de la fausse-teigne une température
assez élevée pour prendre leur accroissement. Pendant
l'hiver, on en voit de tout âge qui restent engourdies jusqu'à ce que la chaleur des parois intérieures de la ruche
leur permette de manger et de grandir.

La fausse-teigne aurait bientôt dévoré les édifices de nos
ruchées, si les mouches ne s'opposaient à ses ravages ; et
elle ne parvient à dominer que dans les colonies faibles ou

sans mère. C'est surtout en septembre qu'on peut se faire
une idée de ses dégâts. Après avoir mangé les gâteaux vides,
elle s'attaque aux cellules pleines de miel ; et comme elle
n'en veut qu'à la cire, les cellules étant ouvertes et détruites, le miel coule, tombe sur le plateau, et mélangé avec
les excréments de cette vermine, il forme une pâte sale et
dégoûtante. J'ai vu des ruches où il ne restait pas un atome
de cire ; tout avait été dévoré dans le court espace de trois
à quatre semaines.

En calfeutrant les ruchées avec soin, on réussira, non pas
à les préserver tout à fait de ces dangereux parasites, mais
à en diminuer considérablement le nombre.

Je suis d'avis que cette chenille a sa bonne part dans
l'avortement de tant de larves et de nymphes que les abeilles rejettent de leur ruche dans le courant de l'été. La
fausse-teigne se glisse et se faufile transversalement dans
les cellules, et tout le couvain qui s'y trouve, périt inévita-
blement. Elle est protégée dans sa course malfaisante par
un tuyau de soie blanche dont elle s'enveloppe et qui forme
sa galerie.

On remarque souvent, à l'automne et au printemps, des
vides de 4 à 5 centimètres dans les gâteaux du bas des
ruches ; c'est encore à l'invasion de la fausse-teigne qu'il
faut les attribuer.

Il y a deux espèces de fausse-teigne, la grande et la petite. Le papillon de chaque espèce est du genre des pha-
lènes qui ne volent qu'à la lueur du crépuscule ou du clair
de la lune. Immobile pendant le jour, on le voit souvent
derrière et contre le corps des ruches. Celui de la petite
espèce, blotti dans la moindre cavité, échappe facilement
à l'œil.

Le papillon mâle de la grande espèce se distingue aisément du papillon femelle ; il est plus petit, ne mesurant que

de 16 à 17 millimètres, depuis la naissance de la tête jusqu'à l'extrémité des ailes, tandis que la femelle en mesure
de 18 à 19. On voit beaucoup d'individus de l'une et de
l'autre sorte qui sont plus petits. Le mâle est teinté de jaune,
particulièrement sur le corselet et la tête. La femelle, outre
sa couleur gris foncé, est pourvue de deux palpes qui dépassent la tête d'un demi-millimètre environ ; ces palpes
se meuvent horizontalement, elles sont réunies et paraissent,
à l'œil nu, la continuation de la tête, ce qui fait paraître la
tête plus allongée que celle du mâle. Je n'oserais dire que
le mâle est privé des deux palpes, mais chez lui, elles seraient repliées sur le cou.

Il ne m'a pas été possible de distinguer chez la petite
fausse-teigne le papillon mâle du papillon femelle autrement
que par la grandeur. Le mâle mesure, de la tête à l'extrémité des ailes, de 8 à 9 millimètres, et la femelle en mesure
de 10 à 11. Les deux ont la tête entièrement jaune, et le
reste du corps, d'un gris cendré.

Placé dans une température continue de 24 à 25 degrés
centigrades, l'œuf de la fausse-teigne, grande et petite,
arrive à l'état de papillon en cinquante jours : huit jours
sous forme d'œuf, trente sous forme de chenille et douze
sous cocon. Celui de la petite espèce arrive à éclosion quelques jours plus tôt. Le développement plus ou moins rapide
de l'insecte dépend de la température. Ainsi, j'ai observé
des œufs qui ne sont arrivés à éclosion que vingt, vingt-
neuf, quarante deux jours après la ponte ; j'ai vu des chenilles de toute grandeur, après avoir passé l'hiver, enveloppées dans leurs soies, et avoir subi des froids de 8 à 10
degrés centigrades, je les ai vues arriver à l'état de papillons en juin ; enfin, j'ai suivi des chenilles qui commençaient
à filer leurs cocons, le 5 septembre 1863, et qui ne sont
devenues papillons que du 14 au 22 mai 1864.

En bonne saison, quand les chenilles sont nombreuses, elles savent, en se réunissant, se donner une température plus élevée que celle de l'air ambiant. Elles arrivent alors à l'état de papillons en moins de temps que si elles avaient été en petit nombre.

Un entomologiste peut aisément suivre l'histoire de la grande et petite fausse-teigne. A cet effet, dans le courant de mai ou de juin, il recueille des cocons (celui de la petite espèce est entièrement recouvert des excréments de l'insecte, il a la forme et la grosseur d'un grain de seigle) ; il les place sous verre. Arrivés à terme, les papillons sortent des cocons, s'accouplent et pondent. Les trois actes se passent en moins de vingt-quatre heures. Les œufs donneront des chenilles, celles-ci, ayant à manger de la cire avec ou sans pollen, grandiront sous verre et deviendront papillons pour perpétuer l'espèce.

On hâte la ponte du papillon en lui écrasant le corselet. Il fait alors presque immédiatement l'émission de ses œufs par un tube en forme de lance, long d'un millimètre et demi environ.

La naissance, la fécondation et la ponte ayant lieu en moins de vingt-quatre heures, c'est, à peu près, perdre son temps que de chercher à détruire le papillon, attendu que neuf fois sur dix, on ne le détruira qu'après la ponte. C'est donc à la chenille et non au papillon qu'il faut faire la guerre.

190. **Ennemis des abeilles en hiver.** — La *mésange* et le *pivert* se nourrissent d'abeilles quand ils n'ont rien de mieux. La mésange vient rôder autour des ruchées en octobre et novembre, elle mange le corselet des mouches mortes sur le plateau. Quand l'entrée des ruches est rétrécie, comme elle doit l'être d'après ce que nous avons dit à l'article 181, je doute que, comme on l'a prétendu, la mésange puisse attirer au dehors les mouches du dedans. Cet

oiseau me paraît donc peu dangereux. Mais le pivert est
redoutable pour certains apiers à proximité des forêts : il
perce les paniers en paille et dévore toutes les abeilles qu'il
peut atteindre. Heureusement qu'il n'attaque les ruches que
lorsque la terre est couverte de neige. Mettre des épines
autour des ruches, exposer en avant un morceau d'étoffe
écarlate qui, agité par le vent, simule le feu ; voilà, avec
les coups de fusil, tout ce que l'on peut faire contre le pivert.

La *souris*, le *mulot*, le *campagnol* et la *musaraigne*
sont généralement regardés comme ennemis des abeilles en
hiver. Voici notre avis à cet égard. Je n'ai jamais vu de
souris dans un apier ; elles habitent les maisons, elles n'en
sortent pas. Pour le mulot, c'est autre chose, il s'introduit
dans les ruches ; il y fait un nid de feuilles sèches, et là il
trouve le vivre et le couvert ; car il mange le miel et le corselet des abeilles. Le mulot est très-facile à reconnaître : il a
la queue aussi longue que la souris, mais il est plus gros,
son poil est d'un beau blanc sous le ventre, et d'un roux
brun sur le dos ; il est encore remarquable par ses yeux
qu'il a gros et proéminents. Il se trouve dans les champs en
été ; en hiver, il vient manger dans les caves la salade, les
carottes, les pommes de terre ; tout lui convient. Le campagnol habite les champs, mais aussi les prés. On en trouve
quelquefois dans les caves en hiver ; on le distingue du mulot par la grosseur de sa tête et aussi par sa queue courte
et tronquée qui n'a que trois centimètres environ de longueur. Enfin, tout le monde reconnaît la musaraigne à sa
petite taille, à sa queue courte et à son museau de taupe.
Ces deux derniers ne me paraissent guère plus dangereux
que la souris.

On attire et on leurre aisément par des appâts ces quatre
espèces de rongeurs. La farine et le maïs sont les plus communs et les plus attrayants que je connaisse. On croit géné-

ralement qu'ils sont friands de lard. Eh bien ! j'ai vu cent fois, la souris, le campagnol et la musaraigne ne toucher que médiocrement au lard séché à la cheminée, et périr de faim à côté de cet aliment. Le mulot est moins difficile, il ne laisse rien. Cependant, le lard me sert d'appât ; mais, auparavant, je le plonge dans la farine pour l'en couvrir entièrement et tromper ainsi la gent malfaisante.

La *fouine* et le *putois* attaquent aussi les ruches ; mais c'est très-rare. La présence d'un chien près de l'apier les éloigne infailliblement.

191. Maladies des abeilles, dyssenterie. — Les principales maladies qui affectent les abeilles sont la dyssenterie, la pourriture du couvain ou *loque* et la constipation.

D'abord la dyssenterie. Dans les conditions ordinaires, les abeilles ne laissent pas tomber leurs excréments dans la ruche, elles s'en débarrassent au dehors. On s'en aperçoit principalement à la fin de l'hiver, lorsqu'elles ont été retenues deux ou trois mois prisonnières par le froid ou la pluie. Elles ne ménagent alors ni les habits de ceux qui les fréquentent, ni le linge que les ménagères font sécher près de l'apier. Cette évacuation est l'effet naturel d'un séjour prolongé dans la ruche, ce n'est point une maladie.

Mais on dit que les abeilles sont atteintes de dyssenterie, quand elles lâchent leurs excréments sur les parois et le plateau de la ruche, sur les rayons, sur leurs compagnes qu'elles engluent. Je n'ai eu qu'une seule fois l'occasion de voir cette maladie. Un de mes amis s'est avisé d'enlever à ses ruchées une grande partie de leurs provisions d'hiver, en se promettant bien de leur rendre l'équivalent en miel de Bretagne. Il choisit le mois de novembre pour leur faire cette restitution. Le temps était froid et pluvieux. Les abeilles, après s'être gorgées de miel, s'échappèrent de la ruche : les unes tombèrent à terre, les autres purent se débarrasser dans les airs de leur trop plein, la terre était presque littéralement couverte de leur matière fécale, et l'intérieur de la ruche en était entièrement tapissé. Enfin, au printemps, il ne restait plus sur l'apier que des paniers faibles et malheureux.

Cette maladie atteint donc les populations mal approvisionnées que l'on nourrit pendant les temps froids.

Les colonies que l'on transporte au milieu de la bruyère et du sarrasin y sont également sujettes : c'est à tel point que, sur le même apier, on peut distinguer celles qui ont voyagé de celles qui ont été sédentaires, les premières portent des traces visibles de dyssenterie.

L'honorable apiculteur qui m'a donné ce dernier renseignement, guérit les abeilles avec du miel délayé dans du bon vin.

192. Loque ou pourriture du couvain. — Quelquefois en septembre, il m'est arrivé de voir, dans des colonies faibles et mal approvisionnées, du couvain operculé dont le couvercle, au lieu d'être bombé, était concave, c'est-à-dire légèrement déprimé dans son centre ; ce couvercle était percé d'un trou à y passer une épingle. En ouvrant les cellules, on y découvrait une matière ou purulente ou desséchée. Ce couvain pourri occupait la partie inférieure des rayons, d'où l'on peut conclure que la fraîcheur des nuits de septembre avait forcé les abeilles à se grouper au haut de leur habitation et à abandonner leur couvain. Voilà tout ce que je sais sur la pourriture. Mais M. Lefebvre-Poucelet, apiculteur à Bergnicourt (Ardennes), nous en apprendra davantage. S'adressant à M. Hamet, directeur du journal l'*Apiculteur*, il lui dit : « J'ai recours à vos lumières pour guérir une maladie qui menace de me détruire une trentaine de jeunes ruches. Ces ruches sont dans un état déplorable et attaquées de ce que nous appelons vulgairement *loque* (couvain sans tête, couvain mort). Prévoyant que ces petites ruches n'avaient pas assez de provisions pour passer l'hiver et arriver aux fleurs du printemps prochain, j'avais cru bien faire de leur donner à chacune une certaine dose de miel à l'arrière-saison (de 1857), je pensais ce moyen meilleur que de donner la nourriture au printemps. Mais faut-il supposer que cette abondance de nourriture a excité la ponte de la mère et aussi la chaleur de la ruche ? Il s'en est donc suivi beaucoup de couvain qui a péri ensuite et est maintenant en putréfaction, qui gâte la cire et excite une grande mortalité dans la ruche.

» Mais ce qu'il y a de plus déplorable et d'étonnant, c'est que le nouveau couvain menace aussi de périr avant sa parfaite et entière formation ; il est déjà mort et se décompose, comme je m'en suis assuré... Un de mes confrères se trouve aussi dans le même cas ; il a aussi nourri ses ruches à l'arrière-saison.

» On nous dit que cette maladie peut se communiquer aux autres ruches, surtout si nous donnions du miel pris à ces ruches *loqueuses*, comme on les appelle. • (*L'Apiculteur*, n° 6, mars 1858.)

Remarquons la circonstance où s'est produite la décomposition du couvain, c'est à la suite d'une nourriture donnée à contre temps.

Je suis persuadé que dans le cas de pourriture du couvain, il n'y a qu'une chose à faire, c'est de chasser les abeilles (72) ou de les asphyxier (218), afin de les réunir aux colonies voisines.

La chenille de la fausse-teigne n'attaque pas la cire brute où il y a eu du couvain en putréfaction. Les abeilles ne doivent pas non plus s'en accommoder.

193. La constipation et autres maladies. — Parmi les abeilles qui périssent pendant l'hiver, on en voit qui sont remarquables par le gonflement de leur ventre. Ces abeilles sont mortes de constipation, elles ont trop mangé, elles n'ont pu se débarrasser du trop plein. J'ai remarqué que leur nombre était plus grand que de coutume, quand la température passait brusquement au froid.

Une nourriture donnée un peu chaude peut occasionner aussi la constipation chez quelques abeilles trop avides.

Enfin, les populations faibles sont plus sujettes à cet accident que les fortes. Ce qui prouve une fois de plus qu'il ne faudrait jamais garder pour l'hiver que des colonies bien peuplées, bien approvisionnées, dût-on, en réunissant toutes celles qui ne sont pas dans de bonnes conditions, diminuer son apier d'un quart ou même d'un tiers. Une ruche de bois ou de paille à parois épaisses, une bonne population, voilà les deux grands préservatifs de la constipation chez les abeilles.

Nous ne parlerons que pour mémoire de deux autres maladies des abeilles, du vertige et de la *fleur*, attendu qu'elles n'atteignent qu'un petit nombre d'individus et que l'homme n'y peut rien.

Les abeilles affectées de vertige ne peuvent plus voler ; elles courent et tournent sur elles-mêmes jusqu'à ce qu'elles tombent épuisées.

La fleur est une espèce de houppe qui se forme sur le front et entre les antennes de l'abeille. On peut la détacher avec une épingle sans que l'abeille paraisse en souffrir.

La moisissure est plutôt une altération des gâteaux qu'une maladie des abeilles. En hiver, une ruche placée trop près du sol, dans un lieu humide ou peu aéré, y est très-exposée. On ne doit pas négliger au printemps d'extraire les gâteaux moisis.

13

TROISIÈME PARTIE.

MÉLANGES APICOLES.

194. Ruche, ruchée.— La petite loge qui sert d'abri à une famille d'abeilles s'appelle ruche ; la petite maison, quand elle est habitée, se nomme ruchée. Ainsi, la ruche est le contenant, la ruchée est le contenant et le contenu (1). Les abeilles sont indifférentes à la forme de leur loge, comme à la matière dont elle est composée, pourvu qu'elles y trouvent un abri convenable et un espace suffisant pour développer toute leur industrie : ce qui veut dire qu'elles amassent autant de miel dans une ruche simple et à bon marché, que dans une ruche compliquée et coûteuse, dans une ruche en bois que dans une ruche en paille.

Faciliter la récolte du miel, l'obtenir plus beau, prolongèr l'existence de la famille par le renouvellement des édifices intérieurs, tel a été le but des recherches sur la meilleure des ruches. Malheureusement, ceux qui se sont occupés de cette recherche ont été plus féconds en innovations qu'en améliorations. Je ne parlerai ici que des ruches qui ont reçu du temps et de l'expérience, le diplôme de capacité. Je ne connais que trois ruches qui aient obtenu cette faveur : la ruche commune, la ruche à calotte et la ruche à hausses.

(1) Le mot ruche dans le *Guide* conserve encore, de loin en loin, la double signification de ruche et de ruchée. En restant fidèle à la définition, il aurait fallu remanier en entier plusieurs paragraphes ; mais ennui et négligence se sont mis d'accord pour laisser les choses telles qu'elles étaient.

Quant à la ruche à cadres mobiles, elle est plus appréciée par les apiculteurs du lendemain que par ceux de la veille. Je la connais, j'en ai fait usage, mais seulement pour mes expériences. Elle coûte plus cher, elle donne plus de soucis, elle demande plus de soins que toute autre ruche. Voilà ses droits à la faveur publique. Le cadre donne-t-il du miel plus beau que la calotte ? Le cadre se manie-t-il plus aisément que la calotte ? Les abeilles obéissent-elles toujours à vos désirs, en suivant la direction du cadre, sans jamais attacher le gâteau d'un cadre à celui du cadre voisin ? Quand on aura répondu à ces trois questions, d'une manière satisfaisante, je me réconcilierai avec la ruche à cadres mobiles.

195. Ruche commune. — La ruche commune ne ment pas à son titre ; elle règne du nord au midi, de l'est à l'ouest de la France ; c'est elle qui la première a pris possession du sol, et elle ne paraît nullement disposée à renoncer à son droit d'aînesse.

Par ruche commune, on désigne toute ruche en une seule pièce, quelles qu'en soient la matière et la forme. Elle est tantôt en paille, tantôt en osier, en viorme ou troène. Celle en paille est terminée par un dôme plus ou moins aplati ; celle en petit bois est en forme de pain de sucre. Dans le Midi, la ruche commune est formée du tronc creusé d'un gros arbre, ou de quelques planches assemblées en carré. La récolte du miel y est faite par le haut pendant l'été, et, à la fin de l'hiver, on enlève les rayons de la partie inférieure. Avec cette méthode, les rayons du centre ne sont jamais renouvelés.

L'homme de la campagne aime la ruche commune, il la trouve simple et commode, soit pour recueillir les essaims, soit pour récolter le miel à sa façon. Dans sa défiance pour les nouveautés, il répétera, et souvent avec raison, ce mot d'un paysan à un apiculteur écrivain qui l'engageait à adopter une ruche de son invention : *Je m'en garderai bien, M. N..., je n'aurais plus le plaisir de vous vendre du miel pour nourrir vos mouches.*

Les gens de la campagne ne veulent pas d'une ruche compliquée, d'une ruche qui coûte cher, mais si on leur indique le moyen d'améliorer celle qu'ils affectionnent, et cela sans bourse délier, ils adopteront à la longue les améliorations qu'elle comporte.

196. Défaut de la ruche commune. — Le grand défaut de la ruche commune, c'est d'être généralement trop petite. Dans nos contrées, elle dépasse rarement 25 litres et souvent elle n'en jauge que de 16 à 20. La petite ruche au-dessous de 20 litres est insuffisante pour l'essaimage. Elle ne donne qu'un essaim tout ordinaire, qui souvent ne complète pas ses provisions, et la souche elle-même a bien de la peine à se refaire. La grande ruche de 25 litres ne suffit même pas, dans les bonnes années, pour emmagasiner la récolte d'une forte population. Ainsi, plusieurs fois, j'ai vu beaucoup de mes ruches atteindre le poids de 25 à 30 kilogrammes, tandis que les ruches communes n'allaient qu'à 22 ou 23 au plus. Or, comme elles étaient, du reste, dans les mêmes conditions, on ne pouvait attribuer cette différence qu'à leur petitesse. Quelquefois, on voit les abeilles bâtir au-dessous des ruches devenues insuffisantes à leurs travaux. On doit bien regretter alors de ne pas y avoir ajouté des hausses, car on perd ainsi beaucoup de miel.

On peut prendre du miel pour leur faire de la place, dira-t-on. Oui, quand on le prend soi-même, on peut choisir son temps pour le faire. Mais, souvent, on y emploie un *mouchier*, qui soigne toutes les ruchées d'un canton. Cet homme, ordinairement peu rétribué, ne voudra ou ne pourra pas toujours venir faire les visites nécessaires à cette opération qui est tout éventuelle, et qui, par conséquent, n'entre pas dans les conditions de ses engagements.

197. **Hausse de la montagne.** — La ruche de paille, en usage dans les montagnes des Vosges, est généralement petite ; on l'augmente en y ajoutant une hausse après l'essaimage. La hausse vosgienne est en bois, de forme carrée, fermée par un plafond en planches minces, où sont ménagées des ouvertures pour le passage des abeilles. C'est en un mot, un tiroir renversé sur lequel on place la ruche. Elle jauge de 10 à 15 litres. Dans les bonnes années, elle est pleine de miel et de couvain ; la manière dont on en fait la récolte est la plus désastreuse que je connaisse : on l'enlève en septembre, on prend le miel, on jette le couvain. Ce n'est pas tout, quand la hausse a beaucoup de miel, c'est que la ruche en a beaucoup aussi. Excepté quelques rayons du centre, tous les autres en sont remplis ; alors on extrait un quart ou un tiers du miel de la ruche, puis on la remet à sa place, veuve de sa hausse, veuve de plusieurs de ses rayons. Son immense population n'a donc plus pour se loger que les quelques gâteaux du centre où se trouve le couvain, car, nous l'avons dit (183), les abeilles en hiver ne se tiennent ni dans le vide ni entre le miel, elles y périraient de froid ; elles se groupent, au contraire, dans la partie inférieure des rayons du centre où il n'y a pas de miel.

Il y a un moyen bien simple d'empêcher la formation du couvain dans la hausse. En plaçant celle-ci, il faut boucher l'entrée de la ruche, mais la déboucher quelques jours après, quand on voit la population s'établir dans la hausse et y construire quelques portions de gâteaux. La mère, ayant alors de l'air par le haut, ne pondra plus que dans la ruche et abandonnera la hausse aux abeilles pour y emmagasiner le miel.

198. **Hausse de la plaine.** — Quelques apiculteurs de nos contrées agrandissent leurs ruches au moyen d'une hausse

en paille et sans plafond. Les abeilles peuvent y prolonger leurs gâteaux sans obstacle. On récolte les rayons latéraux de la hausse et de la ruche, et, au mois de mars, on supprime la hausse, afin, en diminuant la capacité de la ruche, de favoriser l'essaimage. Cette hausse est incontestablement préférable à celle de la montagne, car ainsi on ne détruit plus le couvain, et les abeilles ont de la place pour se loger en hiver. Cependant, elle a encore un désavantage sur la calotte ; puisque celle-ci se place, s'enlève et se récolte sans déranger la ruche, sans danger de pillage, et, pour toutes ces opérations, elle exige bien moins de temps et de peine que la hausse.

Nos apiculteurs qui ne font pas usage de la hausse, et c'est le plus grand nombre, doivent l'adopter, mais de préférence la calotte sous peine de perdre beaucoup de miel.

199. Calotte substituée à la hausse. — Si l'apiculteur vosgien pratiquait au sommet de sa ruche une ouverture de six à huit centimètres, et si, au lieu de mettre une hausse par-dessous, il la plaçait par-dessus, c'est-à-dire, s'il donnait à sa ruche une première et au besoin une seconde calotte, il ne sacrifierait pas le couvain, cette semence précieuse ; il n'enlèverait pas les rayons de l'intérieur de la ruche, et les abeilles, plaçant de préférence le miel dans la calotte et le couvain dans la ruche, trouveraient à se loger dans cette dernière amplement et commodément.

Rien n'est plus facile que de disposer une ruche commune à recevoir une calotte. Il suffit de pratiquer à son sommet une ouverture de six à huit centimètres de diamètre. Consultez pour faire cette ouverture l'article 207. Si la ruche n'est que légèrement bombée, elle peut recevoir la calotte sans autre soin que celui de calfeutrer les joints entre la ruche et la calotte. Mais si elle se termine en pointe, on ne peut y placer la calotte qu'à l'aide du plateau qui nous a servi au printemps pour nourrir les abeilles (63). Ce plateau percé sera comme une plate-forme qui nivellera le sommet de la ruche. Lisez attentivement l'article 201.

200. **Grande ruche commune.** — Il y a des apiculteurs qui, ne voulant ni de la hausse ni de la calotte, ont adopté une ruche de grande dimension jaugeant environ de 30 à 35 litres, et ayant un diamètre intérieur de 42 à 44 centimètres. Cette ruche n'est pas à dédaigner, elle n'essaime pas aussi volontiers que les autres ; mais donnant de gros essaims, elle conserve un apier mieux et plus longtemps. Ce serait folie que de loger de petits essaims dans de pareilles ruches. La grande ruche commune est celle que je recommanderais à ceux qui ne voudraient ni de la ruche à calotte ni de la ruche à hausses, mais qui auraient la pratique des essaims artificiels. A défaut de l'essaimage naturel, ils auraient la ressource de l'essaimage artificiel.

201. **Ruche à calotte.** — Toute ruche en paille ou en bois, ayant une ouverture dans sa partie supérieure et façonnée de telle sorte qu'elle puisse recevoir un vase d'une certaine capacité, peut s'appeler ruche à calotte. Ainsi la ruche carrée du Midi sera une ruche à calotte du moment qu'on aura pratiqué une ouverture dans le plafond qui est plat. La ruche commune en paille, à dôme peu élevé et percé d'un trou, est encore une ruche à calotte.

Les dimensions d'une ruche à calotte ne sont pas arbitraires, on ne peut guère les augmenter ou les diminuer. Elles ont leur raison d'être dans les mœurs des abeilles. Si la ruche est trop petite, les abeilles y placeront le couvain et emmagasineront dans la calotte, aussi bien leur miel de provision que celui de l'excédant, ce qui est un grand inconvénient. Si elle est trop grande, le couvain et le miel s'y trouveront réunis, la calotte n'aura rien. Néanmoins, quoi qu'on fasse, il arrivera encore parfois qu'il y aura trop ou trop peu de

miel dans la ruche. La ruche normande à calotte est celle
dont la forme et les dimensions sont les plus convenables.
Elle est en paille, ayant un diamètre intérieur de 33 centimètres sur une hauteur de 28 à 30. La partie supérieure en
forme de dôme, légèrement bombée, est percée d'un trou
de 6 à 8 centimètres de diamètre. Le dôme, disons-nous,
est peu élevé (de 2 à 4 centimètres), autrement, il entrerait
dans la calotte.

La calotte, qui s'appelle encore, selon les pays, ruchette,
corbillon, chapiteau, est ordinairement en paille, quelquefois
en vannerie, en tonnellerie. On peut aussi en employer en
terre cuite, en faïence ou en verre. Voyez les figures 9 et 10.

La calotte sera plutôt petite que grande ; elle ne devra
jauger que de 4 à 8 litres, sauf à récolter plusieurs fois dans
les années d'abondance. Les abeilles pourront loger au moins
7 kilogrammes de miel dans une calotte de 8 litres.

La ruche à calotte donne un miel de choix sans dérangement sensible pour les mouches, sans crainte de pillage. C'est
moins une peine qu'un plaisir que d'en faire la récolte. Elle
se prête assez bien aux réunions des populations faibles en
permettant de placer deux ruches l'une sur l'autre. Mais elle
a, comme la ruche commune, le grand défaut de ne pouvoir
renouveler les vieilles constructions.

Il est impossible d'établir une règle fixe pour le placement
de la calotte. Si l'on veut du miel et peu d'essaims, on calottera les ruches fortes dans les premiers jours de mai ; si au
contraire on désire des essaims, on ne calottera qu'à la fin de
l'essaimage. Cependant, il y a parfois des ruches, pleines de
miel et regorgeant de population, qui n'essaiment pas ; pour
celles-là, sous peine de perdre beaucoup de miel, il faut leur
donner de l'espace.

En plaçant la calotte, on n'oubliera pas d'y fixer une *greffe*,
c'est-à-dire un petit rayon qui sera maintenu au sommet de

la calotte et qui descendra jnsqu'au niveau des rayons supérieurs de la ruche. Un petit bâton de la grosseur du doigt peut également servir. A l'aide de cette échelle, les abeilles, aussitôt qu'elles en sentiront le besoin, monteront et construiront dans la calotte. Nous nous sommes déjà servis de la *greffe* dans les articles 83, 87 et 142, pour inviter les abeilles à monter plus vite dans le chapeau ou calotte de la ruche à hausses.

202. **Ruche à hausses**. — La ruche à hausses, en bois, est composée de plusieurs cadres posés les uns sur les autres. Une couverture plate de même matière les ferme par le haut. On pratique dans le milieu de cette couverture un trou circulaire de 6 à 8 centimètres, afin de pouvoir placer une calotte sur la ruche. Il n'y a pas de séparation entre les cadres, c'est tout simplement une ruche carrée où l'on place des baguettes pour servir d'appui aux gâteaux, comme dans les ruches communes. Tous les cadres doivent avoir la même dimension. Si je me servais de cette ruche, chaque cadre aurait intérieurement 9 ou 10 centimètres de hauteur sur 30 de largeur et de longueur. On maintient les cadres au moyen de pitons et de crochets.

La ruche à hausses, en paille, est composée de plusieurs cercles superposés, ayant chacun 10 ou 11 centimètres de hauteur et 33 de diamètre dans œuvre. Un couvercle très-légèrement bombé, également en paille, recouvre le cercle ou hausse supérieure. Il n'y a aucune séparation entre les hausses. La ruche à trois hausses jauge 27 litres environ, c'est suffisant dans la plupart des cas. Celle à deux hausses suffit même pour loger un essaim ordinaire. Chez plusieurs apiculteurs, chaque hausse a un plafond percé de trous pour communiquer de l'une à l'autre. Une telle disposition fait de cette ruche la plus vicieuse de toutes. Elle est très-nuisible aux abeilles pendant l'hiver : souvent le froid ne leur permet

13.

pas de franchir l'intervalle que chaque plafond établit entre les gâteaux, et lorsque le miel d'en bas est épuisé, les mouches périssent de faim et de froid à côté de l'abondance. Je me sers de la ruche à hausses en paille. (Fig. 11.)

203. **Avantages de la ruche à hausses.** — La ruche à hausses est celle qui s'accommode le mieux à toutes les combinaisons de l'apiculteur. Ayant une ouverture dans sa partie supérieure presque plate, elle peut recevoir une calotte. Composée de plusieurs pièces, elle est susceptible d'être augmentée ou diminuée selon les circonstances. Avec elle, la réunion des populations faibles, point essentiel en apiculture, n'est plus qu'un jeu d'enfant. Avec elle, les essaims forcés se font comme l'on veut, par transvasement ou par séparation. C'est la ruche par excellence pour renouveler les vieux édifices si nuisibles aux abeilles. Enfin, elle ne coûte que 25 ou 30 centimes de plus que les autres ruches.

La ruche à hausses, demandant plus de petits soins que les autres, ne sera jamais du goût des gens insoucieux, mais elle sera la ruche préférée de l'apiculteur intelligent et soigneux. Cependant et précisément à cause des soins dont je viens de parler, je conseillerai la ruche à calotte aux grands apiculteurs tels qu'il en existe en Champagne, en Normandie et même en Lorraine.

Le seul reproche qu'on ait fait à cette ruche, c'est qu'en hiver, les vapeurs, s'élevant du foyer des abeilles, se condensent au plafond pour retomber en gouttes d'eau sur les mouches. A ce reproche peu fondé, nous opposerons deux faits que chacun pourra vérifier aisément.

D'abord, si pendant de grands froids, on soulève une ruche bien peuplée, on en voit les parois latérales tapissées de givre, tandis que le plafond en est exempt; ensuite quelque attention que j'y misse, je n'ai jamais vu une mortalité plus grande dans les ruches plates que dans les ruches bombées. Il est vrai que souvent les populations faibles souffrent beaucoup en hiver, mais elles souffrent autant dans les ruches en cloches que dans les autres. La vétusté des gâteaux est presque toujours la véritable cause des accidents dont ces populations sont victimes.

204. **Calotte de la ruche à hausses.** — J'ai encore à mon usage une petite ruche composée seulement d'une hausse et d'un couvercle, en tout semblables aux hausses et aux couvercles dont je viens de parler. Cette petite ruche, je l'appelle *chapeau.* Elle fait office de calotte, on la place sur les ruches, on y récolte un miel magnifique ; elle sert à renouveler les vieux paniers ou à former des essaims artificiels. Enfin, elle est d'un grand usage dans ma pratique. Ce chapeau peut devenir ruche en y ajoutant une ou deux hausses, comme une ruche peut être réduite à l'état de chapeau en ne lui laissant qu'une hausse. Ainsi, toute la différence entre la ruche et le chapeau, c'est que celui-ci n'est composé que d'une hausse et d'un couvercle, tandis que la ruche est formée de deux hausses au moins et d'un couvercle.

205. **Détails sur les hausses.** — Placez dans chaque hausse deux baguettes, de la grosseur du doigt, parallèlement et de façon à partager le diamètre en trois parties égales, fixez-les dans le cordon supérieur. Ces baguettes sont nécessaires pour soutenir et consolider tout l'édifice. Aussi gardez-vous bien de les oublier, quand vous ajoutez une hausse vide à une ruche pleine ou à un chapeau ; et faites attention de placer la hausse de telle sorte que les baguettes croisent les gâteaux. Au moyen de cette petite précaution, vous pourrez séparer, par le fil de fer et sans accident, le couvercle d'avec la hausse supérieure (179) et celle-ci d'avec les suivantes (164).

Il ne faut pas mettre de baguettes dans les chapeaux destinés à recevoir le superflu des abeilles : on ne pourrait pas en retirer intacts ces beaux rayons de miel dont l'apiculteur est si fier (163).

Chaque hausse ne dépassera pas 11 centimètres en hauteur sur 33 en diamètre intérieur, et cela pour deux raisons majeures : d'abord, des hausses de cette dimension donnent de 6 à 7 kilogrammes de miel net, c'est la récolte d'un bon panier dans une année ordinaire, encore faut-il qu'il n'ait pas essaimé ; ensuite, si elles étaient plus hautes, on pourrait rarement retrancher la hausse du bas sans nuire au couvain (58). Je conseillerais d'en diminuer la hauteur plutôt que de l'augmenter.

On comprend que les hausses doivent avoir toutes le même diamètre, afin de pouvoir s'adapter les unes aux autres.

Mes ruches à deux hausses pèsent 2 kilogrammes 500 grammes. Les quatre cordons, qui forment la hauteur d'une hausse, ont chacun un diamètre de 26 à 27 millimètres. Je donne ces petits détails pour la gouverne des amateurs.

Un second cordon en paille devra reborder extérieurement le cordon supérieur de chaque hausse. Il servira d'appui au pourget, il aidera à lier le couvercle à la hausse supérieure et celle-ci à la suivante. L'assemblage du couvercle et des hausses se fera plus vite, si, au lieu de ficelle, on se sert de pointes de fer. Trois pointes suffisent pour chaque assemblage. Les joints seront calfeutrés avec de la bouse fraîche (209). Ce pourget, sans le secours des pointes, peut à lui seul consolider la ruche, à la condition de ne pas la manier trop rudement.

Il est tout à fait inutile d'employer les pointes, lorsqu'il s'agit seulement d'ajouter une hausse vide à une ruche pleine. Le pourget seul remplira le double office de ligature et d'enduit. (Fig. 12 et 13.)

206. **Couvercle de la ruche à hausser.** — Le couvercle

qui ferme la ruche à hausses est tout simplement un cordon de paille roulé sur lui-même. Il doit recouvrir entièrement la hausse et le rebord extérieur ; il aura donc, en diamètre, environ 40 centimètres. L'ouvrier ménagera dans le centre une ouverture de 8 centimètres de diamètre, qu'on bouche, soit avec une planchette, soit avec une plaque de tôle pointée dans les cordons, soit avec une petite pièce de flanelle ou de vieux drap également fixée avec de petites pointes.

On recommandera à l'ouvrier de faire le couvercle un peu bombé. Sous le poids du miel et du couvain, la convexité du couvercle aura bientôt disparu pour faire place à une surface plane.

207. Transformer la ruche commune en ruches à hausses. — Cet article ne concerne que les personnes qui voudront remplacer la ruche commune par la ruche à hausses. Cette transformation, qui ne devra s'opérer qu'avec des ruches à vieux gâteaux, est d'une exécution facile.

Au mois de mars, après avoir enfumé les abeilles, on raccourcit les gâteaux de huit à dix centimètres, on passe ensuite un couteau bien aiguisé dans le milieu du cordon qui se trouve au niveau des gâteaux conservés, les liens étant coupés, la partie inférieure de la ruche tombe, on remet celle-ci à sa place et puis on la calfeutre soigneusement. Pour cette première opération, il faut choisir une belle journée, un beau soleil de mars. La seconde opération est aussi facile que la première. Dans les premiers jours de mai, on enlève la ruche avec son plateau et on la pose à terre. On bouche la porte pour empêcher les abeilles de sortir ; on passe ensuite le couteau dans un cordon suffisamment éloigné du sommet de la ruche pour y pratiquer une ouverture circulaire de 6 à 8 centimètres environ ; avec la pointe du couteau on détache avec précaution, et on enlève la portion coupée, et de suite on recouvre la ruche d'un chapeau vide (204). Quand celui-ci est plein aux trois quarts, on place une hausse par-dessous. Tout le reste se passe comme nous l'avons dit à l'article 87.

On comprend qu'en retranchant les trois ou quatre cordons inférieurs de la ruche, on en diminue la capacité, et qu'on force ainsi les abeilles à bâtir dans le chapeau. Le plateau percé, qui nous a servi pour nourrir les mouches (63), peut encore trouver ici sa place. Mettez-le sur le sommet de la ruche, et posez le chapeau par-dessus, de cette façon, le dessus du plateau se nivellera avec le haut de la ruche, laquelle, sans cette précaution, pourrait s'emboîter dans le chapeau.

Observation. — Quand les ruches ont à leur sommet une poignée en bois qui se prolonge dans l'intérieur, il faut d'abord scier la partie saillante de cette poignée, puis seulement enlever la calotte du sommet.

Avant de travailler sur une ruche peuplée, on fera bien de s'exercer sur une ruche vide et sans valeur.

208. **Plateau ou tablette des ruches.** (Fig. 14.)—Je prends pour le faire deux planches dont chacune est large de 200 millimètres, longue de 400, épaisse de 22 à 24 (épaisseur ordinaire des planches); après les avoir rabotées légèrement d'un côté seulement, je les assemble, sans rainure, l'une contre l'autre et les pointe à chaque bout sur deux lattes plus longues que le plateau, de 10 à 12 centimètres, de manière à le déborder d'autant sur le devant; je retranche en dessus, moitié de l'épaisseur des lattes, de E en I, je pointe en dessus une planchette qui remplit l'échancrure des lattes, j'ai ainsi une banquette (IBJ) qui s'avance sous le plateau de 30 à 40 millimètres, et qui se nivelle en dessus avec le bas de la rampe d'entrée. La porte ou rampe d'entrée sera large de 70 millimètres, elle aura pour hauteur l'épaisseur même des planches (de 22 à 24 millimètres). Elle se pro-

longera en pente douce, ainsi qu'il est indiqué dans la figure et se nivellera avec le dessus du plateau. Au-dessus de la porte, on pointera une lame de tôle, large seulement de 20 millimètres. Cette lame est nécessaire pour les ruches en paille, elle ne permet pas au *mulot* d'en ronger le cordon inférieur. On agrandit et on rétrécit la porte à volonté au moyen de la plaque en fer-blanc fig. 8. On fixe cette plaque en avant de la porte avec deux pointes qui s'enfoncent et prennent leur point d'appui dans le cordon inférieur de la ruche.

On couvre le joint des deux planches par une bande de fer-blanc G II, large de 25 à 30 millimètres, on la cloue de quatre en quatre centimètres avec de petites pointes.

Cette bande ne permet ni aux planches de s'écarter, ni à la fausse-teigne de s'établir dans le joint.

Le plateau doit être incliné sur le devant, pour faciliter l'écoulement des gouttes d'eau qui sort des ruches particulièrement en hiver, et afin que les abeilles aient moins de peine à traîner au-dehors les mouches mortes et autres matières ; pour établir cette inclinaison, on élève la poutrelle de derrière de 15 millimètres plus haut que celle du devant.

Je recommande d'une manière toute particulière le plateau dont je viens de parler, comme facile à façonner, commode et économique, il sera d'une grande durée si on lui donne une couche de goudron.

209. **Pourget.** — On appelle *pourget* toute matière dont on se sert pour calfeutrer les ruches. De la bouse fraîche sans mélange est le pourget le plus commun. Elle bouche et colle bien, mais elle a l'inconvénient de se retirer en séchant et de laisser des interstices. Un mélange de trois parties de bouse et d'une partie de sable fin, est un excellent pourget qui bouche et colle tout aussi bien, sans avoir

l'inconvénient du retrait. Je m'en sers pour calfeutrer les ruches à housses. Mais celui dont je fais habituellement usage, pour calfeutrer le bas des ruches, est composé, en parties égales, de sable fin et d'argile tamisée. J'ai toujours provision d'argile et de sable à l'apier ; il ne faut qu'un instant pour composer cette espèce de mortier qui bouche parfaitement, mais qui ne colle pas.

On comprend que les proportions indiquées ne sont pas rigoureuses, et qu'on n'est pas obligé de s'y astreindre avec grande exactitude.

De petites bandelettes d'un tissu quelconque, du coton en laine, de l'étoupe, tout cela est très-convenable pour bien calfeutrer les ruches, plus convenable peut-être que la matière dont nous avons parlé en premier lieu.

210. **Apier, rucher, son exposition.**—On appelle apier (1), le petit bâtiment où l'apiculteur range et rassemble ses ruchées. Un apier n'est pas absolument nécessaire pour le succès de l'éducation des abeilles. On peut laisser les ruchées en plein air ; mais dans ce cas, il faut un mur ou une haie qui les abrite du côté du nord ; il faut aussi qu'elles soient préservées, par de bons surtouts, de la pluie et de la trop grande ardeur du soleil.

Cependant, un apier est très-utile ; il permet de gouverner les abeilles avec plus de facilité, de les visiter sans occasionner de dérangement. Des ruchées à couvert sont plus en sûreté, elles exigent moins de soins et d'attention que celles qui sont en plein air et exposées aux intempéries et aux vicissitudes des saisons. Enfin, il y a certaines circonstances de localité où un apier peut être construit avec moins dé

(1) Dès qu'on admet l'expression ruchée, il faut, à cause de la similitude des sons, remplacer le mot rucher par apier, du latin *apis*, abeille. Le mot n'est pas nouveau, il est usité dans plusieurs parties de la France

dépense qu'il n'en faudrait pour des surtouts et autres ac-
cessoires qu'on est obligé de renouveler souvent.

La disposition de l'apier n'est pas chose indifférente pour
la bonne administration des abeilles. Tel apier, dont la distribution permettra de placer et de réunir deux ruches l'une
sur l'autre (161), aura certainement plus de chances de succès que tel autre où les réunions ne pourront avoir lieu
faute d'espace (177). L'apier devra donc être construit à deux
étages seulement. Le premier sera à 20 centimètres au-dessus du sol, le second à 95 centimètres au-dessus du premier,
et à égale distance de la toiture. Ainsi, la partie de la toiture
placée perpendiculairement au-dessus des ruches, aura 2
mètres 10 centimètres au-dessus du sol. Avec des étages
ainsi distancés, on pourra, dans les années favorables aux
essaims, mettre provisoirement un rang de ruches, soit sur
celles du premier étage, soit sur celles du second.

A chaque étage, il y aura, dans le sens de la longueur de
l'apier, deux poutrelles de 10 centimètres d'équarrissage,
parallèles et distantes l'une de l'autre de 30 centimètres. Ces
poutrelles, devant servir de chantier pour supporter les plateaux et les ruches, seront soutenues par des points d'appui
dans leur milieu.

L'apier sera beaucoup plus commode, s'il a assez de profondeur pour permettre de former derrière les ruches une
allée d'un mètre de large, qui donnera la facilité de les
visiter à toute heure, sans troubler les mouches et sans en
être inquiété.

Un apier ayant 6 mètres de longueur intérieure pourra loger facilement 12 paniers sur chacun de ses étages.

L'exposition du sud-est paraît être la meilleure, parce
qu'elle abrite mieux qu'aucune autre contre les pluies, les
orages et le soleil trop ardent. On peut également choisir
l'exposition du sud, mais à la condition de faire avancer un

peu plus la toiture. Celle du levant est trop froide, elle serait meurtrière en hiver et surtout au printemps. Autant que
possible, placez votre apier dans un lieu abrité de la bise,
par un coteau, des arbres ou un mur de quelques mètres de
hauteur. Le voisinage d'une grande étendue d'eau, lac, étang
ou rivière, surtout si les vents violents de la localité portent
habituellement de l'apier vers ces eaux ; le voisinage d'une
route, celui de maisons trop élevées, toutes ces circonstaces
peuvent nuire à la prospérité d'un apier : en effet, les abeilles peuvent être entraînées ou repoussées par le vent au-
dessus des eaux, où elles finissent par s'abattre et périr ; le
bruit et l'ébranlement d'une voiture les inquiètent ; des maisons hautes et rapprochées les gênent au départ et à l'arrivée.

Le sol qui est devant l'apier doit être uni et toujours bien
sarclé à une distance d'au moins un mètre ; car si une abeille
s'y abat par le vent ou par la fatigue, les moindres herba-
ges pourraient l'empêcher de se relever. Il faut éviter aussi
de planter trop près, sur le devant, des buissons, des fleurs
ou des légumes à hautes tiges, qui gèneraient le vol des
abeilles, et surtout celui des mères, quand elles sortent, soit
pour suivre un essaim, soit pour être fécondées.

211. **Apier économique.** — L'apier se fait en forme d'ap-
pentis (bâtiment qui n'a de pente que d'un côté). Voici un
mode de construction très-économique. Lorsqu'on peut établir un apier contre un bâtiment et dans une bonne exposition,
on commence par faire, dans un mur, des trous distants de
60 centimètres les uns des autres à hauteur de 2 mètres 50
centimètres environ ; on enfonce dans la terre, à 17 décimètres en avant du mur, deux poteaux en chêne ; une sablière
ou poutre de toute la longueur de l'apier est attachée sur la
hauteur des poteaux par des mortaises ; des chevrons de
traverse entrent par un bout dans les trous du mur, l'autre

bout est appuyé par devant sur la sablière ; on établit sur ces chevrons un toit en chaume ou en tuiles ; les côtés seront fermés par un grossier clayonnage qu'on enduira d'un torchis d'argile, ou qu'on revêtira de mousse.

Un mur de jardin peut très-bien convenir pour appuyer un apier. La toiture aura sa pente par derrière ou par devant, selon la hauteur du mur ou la disposition des lieux. Mais si la gouttière se trouve par derrière, la toiture devra déborder beaucoup plus sur le devant, afin de mettre les ruches mieux à l'abri de la pluie et de la trop grande ardeur du soleil.

212. **Toiture économique.** — La toiture que l'on propose ici est aussi économique que durable et peut être construite par tout le monde. On la pose simplement sur les ruches ; son propre poids et celui des tuiles faîtières lui permettent de résister aux coups de vent. Le prix de cette toiture, qui peut abriter quatre ruches, ne dépassera pas 3 fr. 50 c., y compris une couche de goudron pour la conservation des planches ; eu égard à sa durée, cette toiture est plus économique que les surtouts de paille dont on couvre les ruches dans une grande partie de la France. Voir la figure 15 et la légende à la fin du volume.

213. **Conduire les abeilles aux pâturages.** — Dans nos contrées, les abeilles ordinairement ne trouvent plus rien à récolter à partir de la seconde moitié de juillet. Il serait bien avantageux de pouvoir leur fournir des fleurs pour les derniers mois de la belle saison. J'ai toujours envié le sort des propriétaires d'abeilles qui se trouvent à proximité des pays de bruyère ou de sarrasin. Quand le temps est favorable en juillet et en août, les abeilles y amassent énormément de miel.

Le danger qu'il y aurait à transporter les ruchées par les grandes chaleurs, est la seule objection qu'on puisse faire :

on craint l'étouffement des mouches, on craint la chute et l'affaissement des gâteaux.

Si l'on sait multiplier les baguettes d'appui dans l'intérieur des ruches, si l'on a soin de les placer en bas, en haut et de façon qu'elles croisent les gâteaux ; ceux-ci ne tomberont pas, c'est certain. Si les paniers sont enveloppés d'une serpillière (toile grosse et claire), l'étouffement n'est point à craindre.

En observant ces conditions et en voyageant la nuit, on peut, sans inquiétude, transporter ces ruchées par voiture ou par chemin de fer ; les accidents, s'il en arrive, seront rares (222).

214. Avantage à détruire les bourdons. — Je pense qu'on obtiendrait des résultats satisfaisants, si l'on détruisait les bourdons d'une ruchée quelques jours après qu'elle aurait essaimé. Il faudrait aussi retrancher les grandes cellules à couvain ; il resterait encore assez de mâles, soit dans la colonie même, soit dans les autres, pour féconder les mères à naître.

Plusieurs fois, j'ai comparé le produit d'un essaim forcé avec celui d'un essaim naturel de même force, ce dernier, en septembre, avait toujours plus de miel que le premier ; on le comprend facilement ; l'essaim forcé qui a conservé la place de la souche en a conservé aussi les bourdons, tandis que l'essaim naturel n'entraîne à sa suite qu'un petit nombre de mâles. N'oubliez pas que le nombre des bourdons s'élève quelquefois à plus de deux mille, vous aurez alors une idée de leur consommation pendant six semaines ou deux mois. Voyez l'art. 29.

215. Bourdonnière ou piége à bourdons. — Afin d'épargner du temps et des frais d'imagination aux apiculteurs qui voudront étudier la question des bourdons, je vais décrire un piége qu'ils pourront utiliser pour les détruire.

Couvrez d'un plancher mince une hausse en paille ou en bois ; au centre du plancher pratiquez un trou de 8 à 9 centimètres d'ouverture en tous sens ; placez sur cette ouverture la grande grille (fig. 6) dont nous avons déjà parlé (127). La hausse ainsi disposée est mise à la place et par dessous la ruchée dont on veut détruire les bourdons. La grille donne un passage facile aux ouvrières et aussi à l'abeille mère, mais elle ne permet pas aux bourdons de descendre dans la hausse. Ceux-ci ne peuvent sortir que par la porte de la ruche. A cette porte adaptez le petit appareil suivant (fig. 16) :

Prenez une petite planchette longue de 73 millimètres, large de 16, épaisse de 8 ; pointez à ses deux extrémités deux litéaux de 5 millimètres d'équarrissage Sa longueur entre les deux liteaux sera donc de 63 millimètres, divisez-le dessous de ce petit banc en trois parties égales de 21 millimètres, enlevez de la partie du milieu en I, fig. 16 b, une épaisseur de 1 millimètre et demi ; ajustez cette sorte de petit banc devant l'entrée de la ruche, si bien que les bourdons ne puissent passer que par-dessous l'appareil. Cinq millimètres de hauteur, comme en H, suffisent pour le passage des ouvrières, elles passeront indifféremment sous les trois divisions. Mais les bourdons ne pourront passer que par celle du milieu en I. C'est ici la clef du piége ou appareil.

Le voici : prenez trois feuilles ou lamelles de plomb ou de cuivre, longues de 15 à 16 millimètres, larges de 7, épaisses d'un demi-millimètre environ ; enroulez un de leurs bouts autour d'un fil de fer ou aiguille, de manière à en former comme une triple charnière ou trappe. Suspendez cette triple charnière devant la division du milieu en I, fig. 16 b, à une hauteur telle que le bas des trois petites trappes se porte un peu en avant, et ne descende pas plus bas que le dessous des deux autres divisions H, fig. 16 b.

Les bourdons venant de l'intérieur soulèvent facilement cette barrière à cause de son inclinaison en dehors. Mais elle les arrête impitoyablement à la rentrée. Alors cherchant un autre passage, ils pénètrent dans la hausse que l'on a mise au-dessous. Mais là encore la grille les arrête. Dès lors ils vont, viennent, rentrent, ressortent ; enfin s'entassent et restent dans cette hausse.

La hausse avec la grille ne doit être mise sous la ruchée que vers l'heure de midi ; c'est le moment où les bourdons commencent leur promenade aérienne (30). Entre quatre et cinq heures du soir, on ferme l'entrée de la hausse qu'on enlève avec son plateau pour la porter à quelque distance de la ruchée. Dans la hausse, il se trouve beaucoup de bourdons et d'ouvrières. Celles-ci retournent à la famille ; elles y mettent quelque lenteur ; il y en a même un certain nombre qui n'abandonnent pas la hausse ; mais il ne faut pas s'en préoccuper, ce sont pour la plupart de vieilles abeilles qui consomment plus qu'elles ne produisent. Quant aux bourdons, ils sont prisonniers, ils ne peuvent passer ni par la grille, ni par la porte qui est fermée. On les laisse périr de faim, ou bien on les assoupit avec de la fumée asphyxiante (218) pour les tuer plus aisément.

Il y aurait inconvénient à mettre une hausse qui aurait plus de 6 centimètres de hauteur. Les bourdons n'y resteraient pas, ils iraient se loger dans d'autres ruches qui ne seraient pas armées de trappes.

Il n'est pas nécessaire de mettre la hausse avec la grille sous toutes les ruchées dont on veut détruire les bourdons. Par exemple, nous avons cinq ruchées sur la même ligne, nous mettons la hausse sous celle qui occupe la place du milieu, et nous nous contentons de mettre les trappes devant les quatre autres ruchées de droite et de gauche ; les bourdons de ces quatre ruchées, ne pouvant rentrer dans leurs familles, vont se réunir à ceux de la hausse et y forment une masse énorme.

Cependant, si les quatre ruchées avaient une forte population, il faudrait leur donner une hausse armée, autrement, la petite bourdonnière ne donnant pas assez d'air, forcerait les abeilles à sortir de la ruche et à se grouper à l'extérieur ; les bourdons n'iraient plus alors se réfugier dans une autre famille, ils se réuniraient tous au groupe extérieur.

216. **Enfumoir**. (Fig. 17). — La fumée joue un trop grand rôle dans la conduite des abeilles pour ne pas lui consacrer quelques lignes. Nous parlerons d'abord de la machine qui la produit, et nous l'appellerons enfumoir. Nous parlerons ensuite de l'action de la fumée sur les abeilles.

L'enfumoir est une boîte ronde en tôle ayant 12 centimètres de longueur et 9 de diamètre. L'un des bouts est formé par un entonnoir renversé, dont le tuyau conique ne doit avoir que 7 centimètres de longueur, et de 9 à 10 millimètres de diamètre à l'extrémité. Ce petit tuyau est destiné à la sortie de la fumée. L'autre bout est également formé par un entonnoir renversé. Il existe intérieurement un tuyau qui va, de A en B, s'appuyer dans une rondelle qui sépare la boîte de l'entonnoir. Ce tuyau a un diamètre uniforme de 16 à 18 millimètres, il forme douille ; on y fait entrer le tuyau d'un petit soufflet de cheminée. Pour la solidité, on fera bien d'adapter au soufflet un tuyau d'un diamètre uniforme de manière, qu'en l'introduisant dans le tuyau de l'enfumoir, il le remplisse dans toute la longueur.

Sur le flanc de la boîte, on pratique une ouverture longue de 6 centimètres, large de 5, une porte jouant dans des coulisses l'ouvre et la ferme. Cette ouverture sert à mettre les chiffons et le feu. Le jeu du soufflet avive le feu des chiffons et pousse la fumée par le petit tuyau de l'autre extrémité.

Le seul inconvénient de l'enfumoir, c'est que le feu s'éteint quelques minutes après qu'on a cessé de souffler. Pour y obvier, on ouvre la porte pendant les courts intervalles où l'on n'enfume pas.

Un enfumoir en tôle ne dure pas longtemps, il est bientôt détruit par l'oxydation. J'ai reconnu qu'il est bien préférable de le faire en cuivre jaune (laiton). La boîte telle que je viens de la décrire, si elle est en cuivre jaune, pèsera quatre hectogrammes. Je la fais façonner (matière comprise) pour 3 fr. 25 cent. J'indique le poids, afin que le ferblantier puisse choisir des feuilles d'une épaisseur convenable.

217. Bruissement. — Si on souffle de la fumée sur une abeille, son premier mouvement, c'est d'agiter les ailes pour éloigner la fumée qui l'incommode : cette agitation des ailes s'appelle bruissement. Si on souffle cette fumée dans l'intérieur d'une ruche, le même effet se produit sur la plupart des mouches qu'elle contient : c'est aussi ce qu'on appelle mettre la ruche en bruissement. En été, à l'entrée des ruches, on voit toujours des abeilles cramponnées par derrière et par devant, la tête baissée, l'abdomen relevé, et dans cette position agiter vivement les ailes : ce bruissement a un sens bien différent des autres, car c'est un signe de bien-être. c'est encore un moyen pour renouveler l'air de la ruche. Une abeille égarée qui retrouve sa famille, bruit de joie. Lorsqu'un essaim se rassemble dans une ruche, des masses d'abeilles battent des ailes : le bruissement dans cette circonstance est un signe de rappel. Des abeilles que l'on sépare de leur mère et que l'on renferme prisonnières dans une ruche, font bientôt entendre un fort bourdonnement qui se renouvellera peut-être de demi-heure en demi-heure : c'est ici un cri de douleur et de détresse.

Jamais le bruissement n'est un signe de colère : ainsi la réunion de deux populations en état de bruissement se fera toujours sans combats, si, après la réunion, vous maintenez cet état pendant une demi-heure. Le bourdonnement dans l'intérieur de la ruche est d'autant plus fort que le bruissement est plus complet.

Avec de la fumée, on réussit toujours à mettre les abeilles en état de bruissement. Avec l'enfumoir, il ne faut ordinairement que quelques minutes pour le produire, quelquefois il faut un quart d'heure et plus; mais quand il est bien établi, quelques bouffées de fumée envoyées de cinq minutes en cinq minutes le maintiennent facilement.

Dans les réunions de ruches, l'enfumoir est presque indispensable, parce qu'il faut beaucoup de fumée et que l'enfumoir la produit abondante et sans effort.

Pour enfumer les abeilles, on se sert généralement d'un rouleau composé de chiffons et ayant la forme et le volume d'un saucisson; on allume un bout et on souffle dans la direction des abeilles; mais ce rouleau ne fait pas en dix minutes la besogne que l'enfumoir fait en trois. Aussi, s'il est très-pénible d'opérer des réunions avec le rouleau de chiffons, ces opérations ne sont plus qu'un amusement avec l'enfumoir. Quand je suis armé de cet instrument, je me crois assez fort contre les abeilles pour me passer de masque.

Il faut se servir de l'enfumoir avec mesure. On commence par une fumée modérée et ensuite on augmente par degrés. Si on introduit brusquement une fumée trop épaisse, les abeilles en sont tellement affectées, tellement aveuglées, qu'elles tombent sur le plateau ou qu'elles restent comme asphyxiées entre les gâteaux de leur ruche.

218. **Asphyxie momentanée des abeilles.** — L'assoupissement momentané des abeilles s'obtient par la fumée du sel de nitre (salpêtre) et du lycoperdon (vesse de loup).

Après avoir placé la ruche sur une hausse dont on calfeutre les joints, on allume du chiffon nitré dans un enfumoir, dont l'une des extrémités pénètre dans la hausse où l'on dirige la fumée à l'aide du soufflet. Les abeilles font entendre un fort bruissement qui va en s'affaiblissant et bientôt cesse complétement. Si vous leur donnez de l'air dès que vous n'entendez plus le moindre bruit intérieur, vous n'en perdrez pas une seule, mais elles ne resteront assoupies que quelques minutes ; si, au contraire, vous les laissez une minute de plus dans la fumée asphyxiante, l'assoupissement durera peut-être une demi-heure, mais vous vous exposez à en tuer beaucoup. Une partie des abeilles tombent dans la hausse, les autres restent entre les rayons ; il faut avec la barbe d'une plume se hâter de faire tomber aussi ces dernières dans la hausse. On peut alors en disposer à volonté.

Quand on n'a pas d'enfumoir à sa disposition, on met le chiffon nitré sous un morceau de tuile ou dans un tuyau, et aussitôt qu'il est allumé, on l'introduit sous la hausse.

On se sert de chiffons de lin, de chanvre ou de coton. Voici la préparation : après avoir saturé de salpêtre un demi-verre d'eau, on y trempe la quantité de chiffons que l'eau peut imbiber ; on les fait ensuite sécher pour s'en servir au besoin.

Des chiffons imprégnés de 50 grammes de salpêtre suffisent à asphyxier huit ou dix colonies, à la condition qu'on utilisera toute la fumée.

J'ai pratiqué l'asphyxie sur une dizaine de ruchées, avec un succès complet, c'est-à-dire que je n'ai pas tué une seule mouche ; mais je suis encore à chercher les avantages que l'on peut en retirer. Un apiculteur, quelque peu praticien, fera ses essaims artificiels plus vite et plus sûrement par transvasement (136) que par asphyxie ; en consultant les articles 72, 177 et 179, il trouvera, pour réunir les ruchées faibles, des moyens plus simples et plus expéditifs que l'asphyxie. Pour récolter le miel des ruches communes, il

suivra les prescriptions des articles 160 et 161 plutôt que
d'asphyxier ses abeilles.

219. Piqûre de l'abeille, remèdes. — Aussitôt après la
piqûre, il faut se hâter de retirer l'aiguillon qui y est resté ;
et comme c'est la petite goutte vénéneuse lancée par les
abeilles qui cause la douleur et l'enflure, il faut presser les
chairs autour des piqûres pour en faire sortir le venin, laver
les plaies avec de l'eau froide, ou y appliquer un peu de
chaux vive délayée, ou mieux, de l'alcali volatil ; mais
comme ces deux remèdes sont d'une certaine causticité, il
faut en user avec précaution, et ne les appliquer sur les
plaies qu'avec un fétu de paille, dont on pose l'extrémité
sur ces plaies, ce qui opère dans l'instant. On obtient le
même résultat en lavant les piqûres avec de l'eau vinaigrée.
Ce remède est plus facile à se procurer et à employer, mais
ses effets sont moins prompts.

Quand les piqûres sont nombreuses, le premier soin, c'est
de retirer les aiguillons, de recourir à l'eau froide, y mettre
les mains, se couvrir le visage et la tête de linges mouillés ;
comme les piqûres sont brûlantes, l'eau froide atténue
aussitôt les douleurs et l'enflure. Si l'on a des baies de
chèvre-feuille fraîches, et qu'on en exprime le jus sur une
piqûre, la douleur cesse aussitôt, et si l'inflammation était
déjà formée, elle ne tarderait pas à disparaître.

Des feuilles de persil qu'on écrase en les frottant sur la
plaie, sont aussi très-efficaces.

Le miel et l'huile s'emploient du moins comme liniments.

N'ayant jamais fait usage de ces remèdes, je les donne
comme je les ai reçus, c'est-à-dire sans garantie. En ce
qui me concerne, je me contente d'arracher à l'instant même
le dard de la plaie.

220. Précautions à prendre avec les abeilles. — En passant devant un apier pour voir de près chaque famille,

évitez de porter le souffle de votre respiration vers l'entrée des ruches, car cela irriterait les mouches.

Quand vous voudrez avoir le plaisir d'examiner leur travail, approchez-vous, mais ne vous tenez pas en face des ruchées, et ne bougez pas.

Si quelques abeilles menacent de vous attaquer en volant avec vivacité autour de vous, il faut gagner l'ombre, doucement, sans gesticuler, et leur laisser quelques minutes pour s'apaiser. Les mouvements brusques des bras et de la tête pour les repousser ne font que les exciter davantage. Voilà les précautions à prendre, quand on ne touche pas aux ruches. Si vous avez à y travailler, ne le faites ni le matin avant la sortie des abeilles, ni le soir après leur rentrée des champs, ni par les temps pluvieux ou orageux : en un mot, quand la population se trouve à peu près toute réunie, car, dans ce cas, si on tente d'y toucher, il est toujours difficile de les maîtriser ; ce n'est qu'avec force fumée qu'on en vient à bout. Enfin, quand les bourdons sont tués et que la campagne ne fournit plus de miel, les abeilles sont très-irritables ; on ne peut prévenir leur colère qu'avec une fumée abondante, dans quelque moment de la journée qu'on opère.

Si vous ne visitez vos ruchées que par une belle journée, lorsque les abeilles sont en plein travail, quelques bouffées de fumée, lancées avant et après le déplacement, suffiront pour les calmer ; vous n'aurez plus besoin de tant vous précautionner contre les piqûres ; les abeilles seront tout à fait inoffensives ; vous pourrez même, à la rigueur, vous passer de masque. Pour mon propre compte, je ne m'en sers jamais dans ces circonstances, non plus que quand il s'agit de recueillir un essaim ; la fumée est mon seul préservatif, et je suis rarement piqué.

221. Achat de mouches à miel. — Une personne qui vou-

dra faire l'acquisition de mouches à miel aura égard aux
prescriptions suivantes :

N'achetez jamais d'essaim dans le temps de l'essaimage ;
c'est un marché aléatoire où l'acheteur est plus souvent
dupe que le vendeur. Attendez que les abeilles aient terminé leur récolte, ce qui arrive dans nos contrées, en juillet
et en août. Exigez la faculté de choisir dans l'apier, ou du
moins dans une partie, et cela avant que le propriétaire en
ait récolté le miel. Choisissez de préférence les essaims
de l'année, ceux même qui pèseraient un kilogramme de
moins que les souches. Pour celles-ci, comme il est très-dif-
ficile de connaître leur âge, vous prendrez tout bonnement
les plus lourdes et les mieux peuplées. Chaque panier devra
avoir 9 kilogrammes de miel. Ce n'est pas trop pour aller
sûrement jusqu'au mois de mai. Voilà la règle à suivre si
on achète en juillet et en août.

Mais il vaut mieux n'acheter qu'au printemps, on n'a pas
les risques de l'hiver à courir, on peut même à cette époque
donner un ou deux francs de plus qu'en août.

Trois kilogrammes de miel dans les premiers jours de
mars, et deux seulement dans les premiers jours d'avril seront nécessaires à chaque famille (61) ; la condition la plus
importante pour un bon panier, c'est une forte population.
Plusieurs moyens vous feront distinguer cette qualité.

Premier moyen. — Fin de mars ou commencement d'a-
vril, choisissez une belle journée, un beau soleil, donnez un
coup d'œil sur les ruchées, remarquez celles qui montrent
le plus d'activité et mettez-y le temps, car c'est pendant des
heures entières qu'il fait examiner leur travail. Les paniers
dont les abeilles sortent et rentrent constamment en plus
grand nombre sont, à n'en pas douter, les mieux peuplés.
Cependant, un essaim qui travaille un peu moins qu'une souche ne doit pas être dédaigné.

Deuxième moyen. — Vers le coucher du soleil ou dans la matinée, soulevez doucement chaque panier ; dans les uns, les abeilles descendent jusque sur le plateau et occupent tous les gâteaux ; dans les autres, elles n'en occupent qu'une partie ; les premiers sont certainement plus peuplés que les seconds.

Troisième moyen. — Fixez l'oreille contre les ruches ; frappez quelques coups du bout des doigts, les fortes populations vous répondront par un son plus sourd et plus prolongé que les autres.

Le lecteur, en consultant l'art. 74, comprendra qu'il peut acheter des essaims dans sa localité même, s'il doit les transporter sur son apier immédiatement après leur mise en ruche ; mais que, pour les autres colonies et même pour les essaims de quelques jours, il fera beaucoup mieux d'aller les chercher au-delà d'un rayon de deux ou trois kilomètres du lieu où il se propose de les établir.

Je suis disposé à croire qu'il en est des abeilles comme des céréales, les agriculteurs expérimentés changent souvent de semences ; on ne ferait pas mal de faire aussi des échanges d'abeilles, j'ai pu constater maintes fois que des colonies transportées à quelques lieues de distance faisaient mieux que leurs sœurs qui étaient restées sur le sol natal.

222. Transport des ruchées. — Quand il ne fait pas trop chaud, les abeilles peuvent être transportées sur des voitures. Septembre et octobre, ou bien mars et avril sont les deux époques les plus convenables. Les dispositions pour l'enlèvement d'une ruchée ne seront faites que dans un moment de la journée où toute la population sera rentrée. D'abord, on enfume légèrement dans la ruche, ensuite on la détache de son plateau et on la tient soulevée avec une petite cale ; on enfume de nouveau pour faire monter les abeilles qui se trouvent sur le plateau, et puis, la ruche est posée sur un tablier de cuisine que l'on serre tout autour avec une ficelle. On met dans le fond de la voiture un lit de paille sur lequel sont étendues deux lattes parallèles. La ruche se place sur ces lattes dans sa position naturelle. Une forte ficelle attachée aux échelles la tient fixée et immobile; avec ces précautions et sur un chemin uni, on peut aller au petit trot du cheval.

Arrivée à sa destination, la ruchée est remise sur son plateau avec une petite cale qui la tiendra un peu soulevée et lui donnera de l'air, enfumez alors par-dessous le tablier qui l'enveloppe, desserrez et enlevez-le. Mais s'il y a un certain nombre d'abeilles répandues sur le tablier, attendez qu'elles soit montées. La fumée employée à propos dans cette circonstance aidera merveilleusement à faire pour le mieux.

223. **Manipulation du miel.** — Autant que possible manipulez le miel aussitôt après son extraction de la ruche; comme il est chaud, il se séparera mieux du marc.

Sur une grande terrine vernissée, établissez une claie circulaire, faite de liens d'osier entrelacés, ou de petites tringles rondes en fer. Ce n'est pas trop qu'un écartement de 5 millimètres entre les liens ou les tringles. Broyez et pressez les rayons de miel. Le marc qui reste entre vos mains est placé aux extrémités de la claie. Le tout s'égoutte lentement. De nombreuses parcelles de cire passent aussi avec le miel. Mais quelques heures avant que de vider dans la terrine, enlevez ces parcelles pour les rejeter sur la claie, le miel qui s'y trouve mélangé filtre bientôt à travers le marc.

Pour retirer des marcs le miel qui reste, quelques personnes emploient le pressoir; la chaleur du four me semble préférable.

Trois ou quatre heures après avoir défourné le pain, on introduit dans le four la terrine vide et la claie avec ses marcs; quand la chaleur est assez grande pour fondre la cire, tout le miel s'égoutte, mais il est moins beau et moins avantageux pour la vente.

La couche de cire plus ou moins épaisse, qui peut se trouver par-dessus le miel, n'est pas toute la cire que contiennent les marcs ; il faut donc les conserver pour les passer plus tard sous le pressoir.

Les portions de gâteaux qui renferment du pollen et ceux encore où le miel est grenu ou figé, seront mis à part et réservés pour les mettre au four avec les marcs dont nous venons de parler.

224. Conservation du miel. — Le miel pur et bien conditionné se fige toujours, quelquefois il reste assez longtemps en sirop, d'autrefois, il se fige huit ou dix jours après avoir été façonné.

Le miel craint l'humidité, un séjour de vingt-quatre heures dans une pièce humide peut l'empêcher de prendre ; il faut le déposer et le manipuler dans un endroit sec et ne contenant aucune liqueur en fermentation. Quand il est coulé en pot, gardez-vous bien de le mettre à la cave, il ne se durcirait qu'à demi ; il se formerait à la surface un sirop très-liquide qui tournerait bientôt à l'aigre et qui finirait par altérer toute la masse. Placez-le, au contraire, dans un lieu sain, au premier étage s'il est possible et au nord. Avec ces précautions, il se conservera longtemps ; il se ramollira en été, mais sans rien perdre de ses qualités.

Il y a des années où le miel en sirop se durcit dans une cave tout aussi bien que partout ailleurs, c'est une expérience qu'on ne doit pas renouveler.

Le miel qui a passé par la chaleur du four ne prend que longtemps après, il se granule à la façon du beurre fondu, tandis que l'autre, du moins dans notre pays, se fige à la manière du saindoux.

225. Façon ou fonte de la cire. — Remplissez d'eau, au deux tiers, une grande chaudière ; à mesure que l'eau s'échauffe, versez-y la cire brute, répandez et remuez avec un bâton ; lorsque le tout est bien délayé, bien fondu et à l'état d'ébullition, videz dans le sac que vous avez préparé dans la caisse du pressoir. Il faut toujours proportionner la masse à pressurer avec le diamètre de la caisse, et faire en sorte qu'après la pression, le pain de marc n'ait pas une épaisseur de plus de 5 à 6 centimètres. Avec un peu de pratique, on saura bientôt établir la proportion. Le premier marc renferme encore de la cire, il faut le remettre dans la chaudière, le détremper dans de l'eau bouillante et le passer une seconde fois sous le pressoir. La cire, pour son extraction complète, exige une forte pression. Aussi, remarquez ce qui se passe pour ce second marc, c'est l'eau qui coule d'abord, la cire ne s'échappe ensuite que sous les efforts d'une pression plus considérable.

La cire que nous venons d'extraire n'est point encore épurée, faisons-la fondre dans une quantité suffisante d'eau, écumons et laissons refroidir le tout dans la chaudière. Après le refroidissement, il ne reste plus qu'à retirer le pain de cire et à râcler le sédiment boueux qui s'est formé par le dessous.

La cire en ébullition monte et extravase comme le lait ; ne quittez donc pas la chaudière ; ayez toujours un peu d'eau sous la main pour en verser au besoin et prévenir tout accident.

226. Rendement de la cire brute. — Les rayons d'un essaim rendent, en cire façonnée, au moins les trois quarts de leur poids ; ceux de cinq à six ans rendent à peine le tiers. Si les derniers donnent si peu de cire, c'est qu'étant tapissés d'une couche de pellicules qui ont servi d'enveloppes au couvain, ils en deviennent deux et trois fois plus lourds que les rayons d'essaim. Mais la même surface des uns et des autres renferme à peu près la même quantité de cire. Si des auteurs se sont aventurés à nous dire que les vieux rayons ne contiennent plus ou presque plus de cire, c'est que leurs procédés d'extraction sont essentiellement défectueux. Pour retirer toute la cire des vieux gâteaux, il faut un bon pressoir.

Un mélange de gâteaux vieux et nouveaux fournit, en cire façonnée, les deux et quelquefois les trois cinquièmes de son poids. On comprend que si les vieux dominent, on retirera moins que si ce sont les nouveaux.

227. Cire qu'on retire d'une ruche. — Prenons pour exemple une petite ruche à deux hausses ayant 33 centimètres de diamètre sur 22 de hauteur, et jaugeant, par conséquent, dix-huit litres sept dixièmes de litres.

Cette ruche renfermera environ 43 décimètres carrés de gâteaux.

Un décimètre carré de gâteau à petites cellules, blanc et n'ayant pas encore servi de berceau aux abeilles, pèse 11 grammes.

C'est donc 473 grammes que pèserait la totalité des gâteaux de cette ruche, s'ils étaient blancs et purs de tous corps étrangers.

Ces gâteaux blancs rendent à la fonte presque tout leur poids en cire pure. Quand ils sont vieux, quoique deux et trois fois plus lourds, ils ne rendent pas davantage. Donc la cire pure qu'on peut retirer d'une telle ruche ne doit pas dépasser 450 grammes. Prenant notre ruche pour terme de comparaison et connaissant la capacité de celle qu'on emploie, on saura très-approximativement la quantité de cire qu'on peut en retirer.

Conservation de la cire brute. — La cire en gâteaux récoltée au printemps, mais qu'on ne voudra façonner qu'en automne, devra être mise en sac et conservée à la cave (il

faut une cave fraîche), sans quoi elle deviendrait infailliblement la pâture de la fausse-teigne.

Voici un autre moyen de conservation. On plonge dans
une cuve pleine d'eau le sac contenant la cire, on le maintient sous l'eau pendant dix ou quinze heures, on en retire
la cire et on l'étend dans un grenier pour la sécher. Les
œufs, les larves qu'elle renferme sont détruits par le bain ;
enfin, cette cire qui moisit légèrement n'a plus d'attrait pour
le papillon, il ne la recherche plus pour y déposer ses œufs.
(Voir l'article 192, dernier alinéa.)

228. Pressoir. (Fig. 18). — Deux semelles ou socles de
chêne, longs de 1,000 millimètres sur 100 de largeur et 120
de hauteur (A A). Sur le milieu de chaque socle et dans une
mortaise peu profonde (10 millimètres), s'élève un montant
de 95 millimètres d'équarrissage et haut de 850 (A' A').

Ces deux montants sont couronnés d'une traverse (A″) de
180 à 200 millimètres d'équarrissage; dans le milieu de cette
traverse est pratiqué un trou vertical où s'adapte l'écrou,
dans cet écrou se meut une vis ayant 60 millimètres de diamètre et 12 de pas, et portant un pommeau percé d'un trou
horizontal de 25 à 30 millimètres de diamètre dans lequel on
introduit un levier de force (une tringle en fer), qui doit avoir
de 1,600 à 2,000 millimètres de long.

La pression de haut en bas tendant à arracher la traverse
supérieure des montants qui la supportent, et ceux-ci de
leurs socles, il faut donner à cet assemblage une grande
force d'union et de résistance. Pour cela, deux bandes de
fer (E E), larges de 55 millimètres, épaisses de 8 à 10, s'adap-
tent à cheval sur les extrémités de cette traverse, et descendant le long des montants, s'arrondissent vers le bas, en
forme de boulons, pour percer les socles au-dessous des-
quels elles se fixent et tendent au moyen d'écrou (E' E'). Dès-
lors, aucun écartement vertical ne pourrait avoir lieu, sans

briser les brides ou étriers de fer, ce qu'on peut regarder comme impossible.

Sur les socles et contre les bandes de fer, on place deux traverses (c), longues de 800 millimètres, larges de 200. Ces deux traverses sont destinées à supporter le plateau où l'on dépose les objets à pressurer.

L'ensemble de l'appareil se fixe au pavé par des broches en fer, que l'on insinue dans des trous percés à cet effet aux bouts des socles, et auxquels correspondent des trous semblables dans le pavé. Ces broches sont mobiles, afin qu'on puisse enlever le pressoir dès qu'on n'en a plus besoin Malgré cela, leur solidité est telle, qu'on n'a nullement besoin d'appuyer le pressoir contre un mur. On peut donc, si le local est assez grand, établir ce pressoir au milieu, afin de pouvoir tourner à l'entour et travailler sans reprises, ce qui facilite et accélère le travail.

Pour opérer, on commence par poser sur le plateau cannelé ou sur les liteaux triangulaires dont il est parlé dans la légende, une forte toile métallique F, et par-dessus cette toile, on établit une caisse circulaire sans fond (g), celle-ci peut être en bois, ou mieux en tôle de 1 millimètre 5 dixièmes d'épaisseur sur 300 de hauteur, et de 400 à 450 de diamètre.

Cette première caisse sera doublée intérieurement de deux demi-cylindres de tôle en râpe (h), dont les bavures seront tournées vers le cylindre extérieur, afin qu'il y ait entre les deux surfaces intérieures un intervalle qui permette à la cire de s'écouler et de descendre. C'est dans ce double cylindre que l'on place le sac qui doit renfermer la matière à pressurer.

Afin d'empêcher le sac de soulever la caisse et sa doublure, les deux demi-cylindres, on met au fond de ceux-ci une corde ou un cerceau de 10 à 12 millimètres d'épaisseur; la corde ou cerceau contournera la circonférence intérieure du bas des demi-cylindres et sera interposé entre ceux-ci et le sac dont nous venons de parler.

L'essentiel, pour une bonne pression, c'est d'avoir des sacs assez solides pour résister à l'action de la vis. Il faut un tissu à claire-voie, fait avec une ficelle de 1 millimètre d'épaisseur. Je dis un tissu à claire-voie, parce que, gonflé par la matière bouillante, ce tissu se trouvera encore suffisamment serré pour retenir le marc.

A mesure que le liquide s'échappe, le sac tend à s'interposer entre les parois de la caisse et la planche de chêne qui le recouvre. On pare à cet inconvénient en ajustant sur le sac une corde grosse de 15 millimètres environ qui contourne la circonférence intérieure de la caisse.

Malgré cette précaution, le sac réussit encore à s'interposer entre la corde et la caisse, ce qui rend la pression difficile et peu utile. On desserre alors, on relève la vis, on enlève la traverse (I) et le plateau (J), on ramène au centre les extrémités du sac, puis on remet corde, traverse et plateau pour continuer la pression qui se termine alors d'une manière utile et régulière. Le sac ne vient plus gêner l'opération.

J'ai mis tous mes soins à décrire le pressoir, parce qu'il est d'une supériorité incontestable sur tout ce que je connais dans le genre, comme force et effet.

Le pressoir, tel que je viens de le décrire, me sert à pressurer, non-seulement de la cire, mais encore du raisin. La caisse à mettre le raisin, sans être plus haute, doit avoir un diamètre aussi grand que le comporte l'intervalle entre les deux montants (600 millimètres).

Un point essentiel pour une bonne pression est que le centre de la caisse qui renferme la matière à pressurer, corresponde toujours au centre de la vis. On arrivera à ce résultat au moyen de quatre pitons vissés sur quatre points de la circonférence extérieure de la caisse. Ces pitons ne permettront pas à la caisse de glisser en avant, en arrière ou de côté.

Quand la tôle en râpe est obstruée, on la passe sur le feu pour la nettoyer.

Tout meunier à moulin bien outillé connaît la tôle en râpe, elle fait partie essentielle du tarare. A défaut d'un meunier complaisant, on trouvera cette tôle à Paris, chez Calard, Brière et Cie, rue Leclerc, 8, faubourg Saint-Jacques ; et à Nancy, chez Véber, rue de la Visitation. Elle ne se vend que par feuille ; mais chaque feuille mesure 65 centimètres sur 1^m,65. Une seule feuille suffit donc à doubler deux caisses.

Chaque feuille pèse de 5 à 6 kilog. et se vend à raison de 80 francs les 100 kilog.

La tôle en râpe dont j'ai parlé porte le numéro 46.

229. Loi sur les abeilles. — Toute notre législation actuelle sur les abeilles se trouve dans les dispositions suivantes de la loi du 28 septembre 1791, et dans l'article 54 du *Code civil :*

• Le propriétaire d'un essaim a droit à le réclamer et de s'en saisir tant qu'il n'a pas cessé de le suivre ; autrement, l'essaim appartient au propriétaire du terrain sur lequel il est fixé.

• Les ruches d'abeilles ne peuvent être saisies ni vendues pour contributions publiques, ni pour aucunes causes de dettes, si ce n'est par celui qui les a vendues ou celui qui les a concédées à titre de cheptel ou autrement.

• Pour aucunes causes, il n'est permis de troubler les abeilles dans leurs courses et travaux ; en conséquence, même en cas de saisie légitime, les ruches ne peuvent être déplacées que dans les mois de *décembre, janvier* et *février.* •

Article 54 du *Code civil :* • Sont immeubles par destination, quand elles ont été placées par les propriétaires pour le service et l'exploitation du fonds... les ruches à miel. »

230. **Appendice.** — Sous ce titre, je me suis réservé de revenir sur des matières omises.

Abeille alpine. — Cette variété d'abeille est un peu plus grosse que notre abeille commune ; sa cellule d'ouvrière mesure cinq millimètres cinq dixièmes ; tandis que celle de l'ouvrière commune ne mesure que cinq millimètres deux dixièmes.

Le vol de l'alpine est plus léger et produit un bourdonnement plus doux que celui de l'abeille commune.

L'abeille jaune est d'un caractère plus décidé, plus entreprenant que l'abeille noire ; elle est aussi plus vigilante, elle garde mieux sa porte contre les ennemis du dehors, elle défend mieux ses édifices et ses nourrissons contre les ennemis du dedans, c'est-à-dire, la fausse-teigne ; plus active, c'est elle qui se met la première au travail, c'est encore elle qui en revient la dernière ; elle a l'odorat plus subtil, car, si on commet l'imprudence de donner, dans un moment inopportun, de la nourriture à une colonie nécessiteuse, ou si on expose cette nourriture en plein air, c'est presque toujours l'alpine qui arrive la première pour prendre sa part de butin.

Mais un reproche sérieux à lui faire, c'est de manquer de fidélité, de s'introduire dans une colonie noire, d'y fixer sa résidence, et de travailler en commun dans sa famille adoptive. Elle, qui n'ouvre pas sa porte à une étrangère à sa race, entend néanmoins que l'étrangère lui ouvrira la sienne. Je n'ai pas encore vu une abeille noire se faire accepter par une famille jaune ; tandis que je vois tous les jours des abeilles jaunes dans des familles noires.

A ce que nous venons de dire, ajoutons : 1° l'abeille alpine essaime plus volontiers et amasse plus de miel que

l'abeille commune. Mais sur ce dernier point, je soupçonne
fort que la richesse est un bien mal acquis, qu'on s'est enri-
chi un peu au dépens d'autrui ; 2° il est difficile de conserver
pure l'espèce jaune ; 3° l'abeille métisse ou demi-sang paraît
avoir les mêmes qualités que l'abeille jaune ; 4°. une mère
jaune peut produire, en égal nombre, des ouvrières de son
espèce et aussi des ouvrières noires. C'est, sans au cundoute,
parce qu'elle a été fécondée par un bourdon d'espèce commune ; 5° la jeune mère alpine aurait pour le **bourdon** de
son espèce moins de sympathie que pour le **bourdon** noir.

J'ai obtenu artificiellement un grand nombre de mères
jaunes, mais toutes ces mères ont donné des enfants, les
uns jaunes, les autres noirs ; et ces enfants ne m'ont donné,
le plus souvent, qu'une progéniture noire. L'espèce jaune
disparaît donc à la troisième génération.

FIN.

CHANT SUR LES ABEILLES

POUR LES PETITES ÉCOLES

Air : *Au clair de la lune.*

Petites abeilles,
Vous me ravissez ;
Oh ! que de merveilles
Vous réunissez !
Dans la petitesse,
Votre agilité
Est jointe à l'adresse,
A l'utilité.

Vos petites ailes
Sont votre soutien ;
Vous cherchez par elles
Tout votre entretien ;
Petite cohorte
Venez et sortez :
C'est Dieu qui vous porte
Lorsque vous volez.

Jamais fainéantes
Pendant la saison ;
Toujours voltigeantes
Pour votre moisson ;
Sans train, sans machine,
Et sans attirail,
Une main divine
Vous met au travail.

Belle république,
Ton gouvernement
Est tout pacifique,
Ah ! qu'il est charmant !
Les unes résident
Pour l'œuvre au dedans,
Les autres président
Au travail des champs.

Tout se fait dans l'ordre,
Sans confusion,
Jamais de désordre
Dans votre maison ;
Chacune s'accorde,
La paix est chez vous :
La triste discorde
N'est que parmi nous.

La reine fredonne
Et vous l'écoutez ;
Sitôt qu'elle ordonne,
Vous obéissez ;
Ah ! fais-je de même !
Suis-je obéissant
A la loi suprême
Du Roi tout-puissant ?

Aimables abeilles,
Ce n'est pas pour vous,
Vos travaux, vos veilles,
Hélas ! sont pour nous ;
Sages ouvrières,
Un Dieu par vos soins,
En mille manières
Veille à nos besoins.

Vous prenez l'essence
D'une belle fleur ;
Et, par la puissance
Du divin auteur,
Vous savez réduire
Selon vos instincts,
En miel et en cire
Vos petits butins.

(*Auteur inconnu*).

15.

LÉGENDE.

PLANCHE I.

Fig. 1. — Abeille ouvrière.

Fig. 2. — Abeille mère.

Fig. 3. — Faux bourdon.

Fig. 4. — Baguette triangulaire en bois, pouvant se fixer facilement sur le fond des ruches pour servir de rayon indicateur. Grandeur d'exécution.

Fig. 5. — Vue en plan et en coupe transversale suivant A B, du plat en fer-blanc appelé nourrisseur, portant au centre un tube de 40 millimètres, fixé au fond et affleurant les bords. Échelle de 0,20 pour 1 mètre.

Fig. 6. — Grille carrée ayant alternativement des pleins et des vides de $0^m,0051$ de largeur pour retenir les bourdons et laisser passer la mère et les abeilles. Demi-grandeur.

Fig. 7. — Petite grille, pour la porte de la ruche, ayant des ouvertures de $0^m,00415$ pour laisser passer les abeilles et empêcher la mère de sortir. Demi-grandeur.

Fig. 8. — Porte des ruches, en fer-blanc, double de longueur; d'un côté, il y a trois ouvertures de 14 millimètres pour le passage des abeilles; de l'autre côté, il y a une ouverture longitudinale pouvant remplacer les trois ouvertures ci-dessus; il s'y trouve aussi un certain nombre de petits trous qui servent à la ventilation, quand on veut fermer la ruche. Échelle au $^1/_4$.

Fig. 9. — Ruche normande.
Fig. 10. — Calotte de la ruche normande.
Fig. 11. — Ruche à hausse.
Fig. 12. — Hausse.
Fig. 13. — Crampon en fil de fer pour fixer solidement entre elles les hausses des ruches en paille. Demi-grandeur.
Fig. 14. — Plateau servant de base aux ruches, vu en plan. — En G H se trouve une bande en fer-blanc, large de 25 à 30 millimètres, servant de couvre-joint et fixée sur le plateau au moyen de petites pointes espacées de 40 en 40 millimètres. En E I J F se voit la banquette.
Fig. 14 *a*. — Coupe du plateau suivant A B, montrant le plan incliné par où les abeilles peuvent s'introduire dans la ruche.
Fig. 14 *b*. — Coupe transversale du plateau suivant C D.
Fig. 14 *c*. — Coupe transversale du plateau suivant E F, indiquant la petite traverse en tôle qui sert à soutenir la ruche au-dessus de l'entrée et à empêcher les souris de ronger la paille en cet endroit. Echelle au $^1/_{10}$.
Fig. 17. — Enfumoir.

PLANCHE II.

Fig. 15. — Toiture économique et mobile pour couvrir quatre ruches. Les planches *a a* sont clouées sur trois liteaux en chêne A, posés de champ et ayant la forme du profil A. Sur l'intervalle des deux planches, on place des tuiles faîtières pour compléter la toiture. Échelle de $^1/_{20}$.
Fig. 16. — Bourdonnière vue de face. Grandeur d'exécution.
Fig. 16 *a*. — La même vue en plan.
Fig. 16 *b*. — Fraction par moitié de la coupe de la bourdonnière suivant E F, indiquant en H le pas-

sage praticable aux abeilles seulement, et en I celui par lequel les bourdons passent en soulevant les clapets.

Fig. 16 c. — Coupe suivant C D, faisant voir les petits clapets en métal, qui se soulèvent sous la pression des bourdons qui veulent passer, tandis qu'ils retombent derrière eux et les empêchent de revenir sur leurs pas.

Fig. 18. — Pressoir vu en élévation de face. Échelle de $^1/_{20}$.

Fig. 18 a. — Le même vu en plan.

Fig. 18 b. — Le même vu en élévation de côté.

A A   socles en chêne servant de base à l'appareil, percés à chaque extrémité d'un trou pour le passage des broches qui fixent le pressoir au plancher et l'empêchent de se déranger pendant l'opération.

A' A'   montants qui peuvent être en sapin, entaillés légèrement à mortaise dans les deux socles, ainsi que dans la traverse A'', sans être chevillés.

A''   traverse supérieure en chêne, dans laquelle est encastré l'écrou de la vis.

b   vis en fer dont la tête est armée d'une barre ou levier de force.

c   deux planches en chêne, posées de champ sur les socles, contre les montants, et supportant le plateau d. Elles sont mobiles.

d   plateau mobile en chêne, cannelé, avec encastrement circulaire formant rigole, avec issue extérieure, pour laisser échapper le liquide ; le plateau peut encore être fait d'une planche de 40 à 50 millimètres d'épaisseur sur laquelle on cloue des liteaux triangulaires, disposés de manière à laisser entre eux des espaces libres formant les cannelures ci-dessus.

E   brides en fer, passant par dessus la traverse supérieure A'', descendant le long des montants A' A', terminées vers le bas par deux boulons qui traversent ces deux socles. Les écrous E' E' qui se vissent sur les boulons servent à serrer le tout ensemble, de manière à empêcher ces différentes pièces de s'écarter pendant le travail.

F   Toile métallique en fer n° 13, qui se pose sur le plateau *d*, pour soutenir le sac qui contient la cire fondue ; celle-ci, chassée par la pression, passe facilement au travers des mailles de la toile métallique et s'écoule par les cannelures du plateau *d*.

g.   Cylindre en tôle unie d'environ 1 $\frac{1}{2}$ millimètre d'épaisseur, ouvert par les deux bouts.

h.   Deux demi-cylindres de tôle en râpe, qui s'appliquent contre la surface intérieure du cylindre *g*, et dont les bavures sont tournées vers ce cylindre, afin qu'il y ait entre les deux surfaces un intervalle qui permette à la cire de s'écouler et de descendre.

I   traverse en chêne, avec grain en fer, pour recevoir la vis de pression.

J   plateau circulaire en chêne, de 30 à 40 millimètres d'épaisseur, divisé en deux parties égales, sur lequel s'appuie la traverse I, et posant lui-même directement sur le sac contenant la cire fondue dans le cylindre *g*. L'une des parties du plateau est munie d'un bout de corde pour permettre de retirer cette partie à la fin de l'opération.

TABLE DES MATIÈRES.

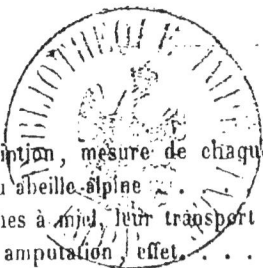

16

Saint-Nicolas, près Nancy. — Imprimerie de P. Trenel.

Pl.1.

Fió.11
Art.202

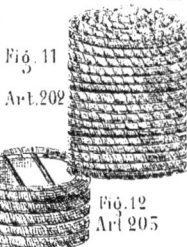

Fió.12
Art.205

Fió.1   Art.2

Fió.2   Art.2

Fió.3   Art.2

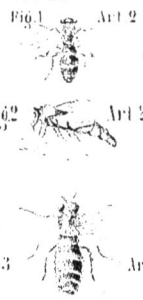

Fió.4   Art.33.

Fió.5   Art.63.

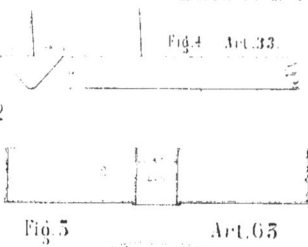

A   B

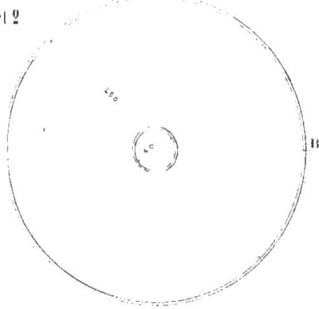

Fió.6   Art.127

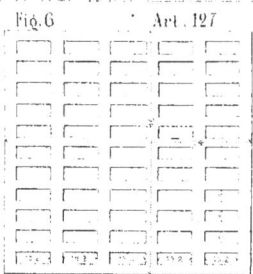

Fió.7   Art.127

Fió.13 Art.205.

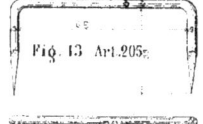

Fió.14

Fió.14 a

Art.208

Fió.14 b

Fió.14 c

Fió.8   Art.184

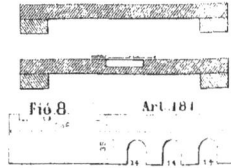

Fió.17
Art.216

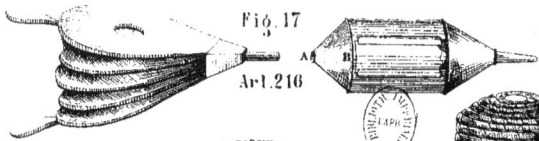

A   B

Fió.9   Art.201

Fió.10 Art.201

Pl.2.

Fig.18   Art.228

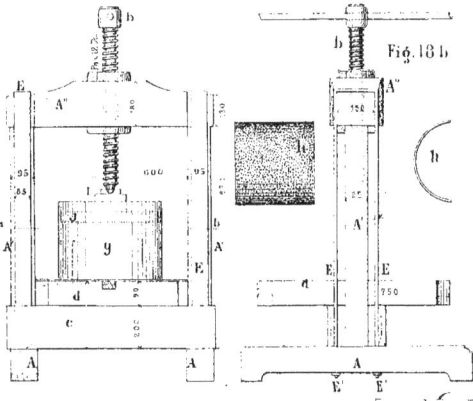

Fig.18 b

Fig.18 a

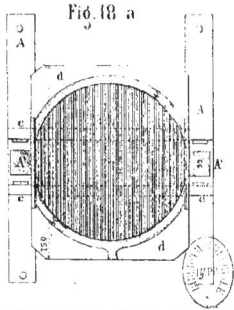

Fig.16   Art.215

Fig.16 a

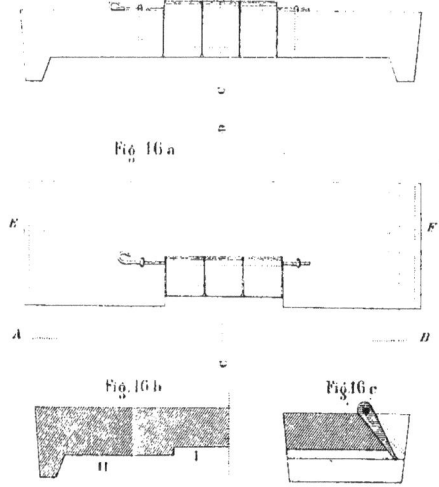

Fig.16 b   Fig.16 c

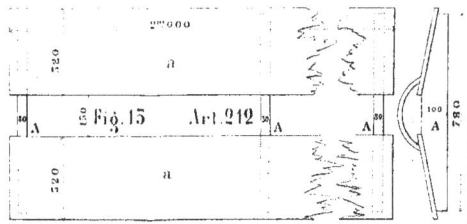

Fig.15   Art.212

www.ingramcontent.com/pod-product-compliance
Lightning Source LLC
Chambersburg PA
CBHW070800270326
41927CB00010B/2221